Ciencia y tecnología
en el auge energético hasta el s. XX: evolución en Asturias

REAL INSTITUTO DE ESTUDIOS ASTURIANOS

JOSÉ MARIO DÍAZ FERNÁNDEZ

Ciencia y tecnología en el auge energético hasta el s. XX: evolución en Asturias

Discurso de ingreso como Miembro de Número
del
Real Instituto de Estudios Asturianos, leído el 7 de octubre de 2025

CONTESTACIÓN
por el

ILMO. SR. DR. D. JESÚS MENÉNDEZ PELÁEZ

Miembro de Número del Real Instituto de Estudios Asturianos

OVIEDO
2025

GOBIERNO DEL
PRINCIPADO DE ASTURIAS

CONFEDERACIÓN ESPAÑOLA DE
CENTROS DE ESTUDIOS LOCALES

© del texto: José Mario Díaz Fernández
Jesús Menéndez Peláez
© de esta edición, Real Instituto de Estudios Asturianos®
Plaza de Porlier, 9 - 1.ª planta
33003, OVIEDO
Teléfono: 984 18 28 01
Correo electrónico: ridea@asturias.org

ISBN: 979-13-990775-5-1
Depósito legal: AS 02492-2025
Imprime: Gráficas SUMMA

AGRADECIMIENTOS

A mi familia, profesores, alumnos, amigos,
al RIDEA y a la sociedad que nos conforma

Ciencia y tecnología en el auge energético hasta el s. XX: Evolución en Asturias

Partiendo de una sociedad agraria y artesanal que evoluciona lentamente desde la Edad Media, el crecimiento brusco de la generación y uso de energía por la disponibilidad del carbón en la segunda mitad del siglo XIX produce un crecimiento en Asturias con acercamiento a Europa promovido por la atracción de la tecnología, y con un despertar considerablemente más lento de la ciencia que lleva retraso de muchas décadas respecto a los grandes desarrollos científicos ocurridos a partir de la segunda parte del s. XVII.

Ciencia y tecnología en el auge energético hasta el s. XX: Evolución en Asturias

RESUMEN

Asturias es una pequeña región que tiene entre sus características una naturaleza impresionante, agua y facilidad para la vida, pero con reducida capacidad agraria y condiciones de aislamiento geográfico terrestre, a pesar de las posibilidades marinas aun con una costa dura. Ello ha facilitado su independencia en el tiempo, con periodos brillantes, pero también ha dificultado la llegada de nuevas culturas. La disponibilidad de puertos ha facilitado la emigración en momentos de dificultades. La evolución histórica ha estado limitada hasta hace doscientos años por esas dificultades de suministro agrícola y aislamiento, manteniendo un consumo energético reducido. La introducción en la historia de la generación y consumo de energía por carbón a raíz de la revolución industrial abrió nuevas oportunidades en la región por su disponibilidad, reduciendo las dificultades de su aislamiento anterior.

El desarrollo de la Ciencia a partir del s. XVI en Italia, Francia Inglaterra y Centro Europa, al tiempo que el crecimiento económico y el comercio con otras partes del mundo, abarcó multitud de áreas, desde la astronomía y las matemáticas a la física, química, biología, medicina y geología. La situación en España y sobre todo en Asturias no siguió suficientemente esa estela, con un extraordinario atraso en su incorporación. Coincidiendo con la llegada de los Borbones se presentan algunos pequeños avances, que se frenaron a principios del s. XIX, recuperándose después. El crecimiento del consumo energético, asociado a la mejora económica a mediados del s. XIX genera en Asturias un periodo interesante con algunos, aunque escasos trabajos científicos, pero con unos logros tecnológicos muy brillantes en relación con la siderurgia, con industrias relacionadas y muchas otras que se aprovechan de esos desarrollos tecnológicos.

Se mostrará aquí una breve descripción de la evolución en el progreso de la ciencia y la comparación con nuestra situación actual, destacando los problemas asociados con la llegada de la ciencia que eclosiona en el s. XIX. Por contra se produjo un impacto del crecimiento energético en los conocimientos tecnológicos del cual la Asturias presente es aún resultado y deudora, cubriendo este tema como referencia hasta el entorno del año 1900. Entre los retos actuales, la disponibilidad energética es muy importante para la actualización de nuestra industria, precisándose además de la promoción científica y tecnológica, a las nuevas herramientas como los procesos digitales.

También pretendo recordar algunas de las personas que han desarrollado los distintos campos de la ciencia y la tecnología, que han puesto en marcha el desarrollo industrial de forma global. Asimismo, de forma breve, dar valor a algunas de las personas, empresas y actividades que han contribuido a ese desarrollo en Asturias. Por tanto, mostrar la actividad científica e ingenieril, que junto a la cultural nos señalará el futuro.

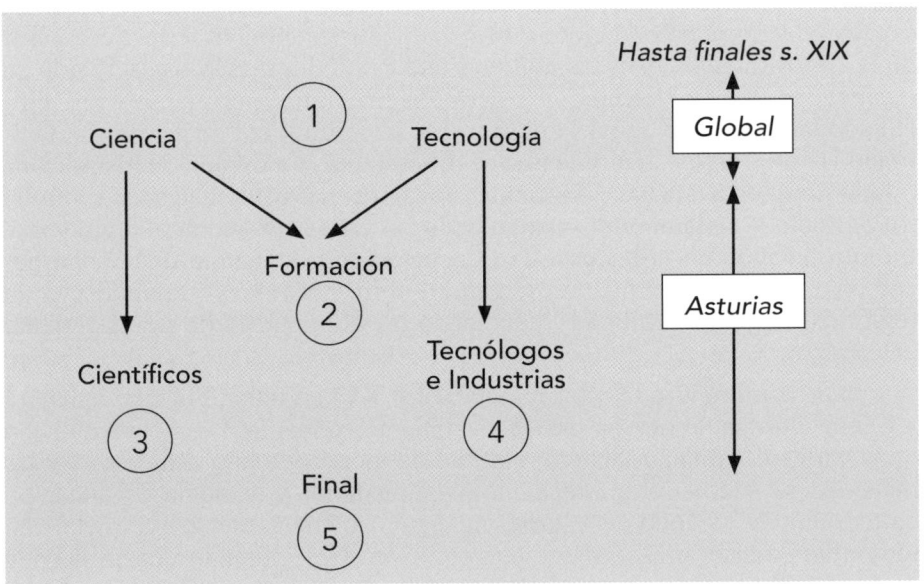

Índice gráfico
(los círculos corresponden a los capítulos)

Índice

1.
LAS CIENCIAS Y TECNOLOGÍAS GLOBALES HASTA FINALES DEL S. XIX

> *«No tengo forma de saber si los eventos que estoy a punto de narrar son efectos o causas»*
> Jorge Luis Borges *(1899-1986)*

1.1. Evolución histórica

> *«¿Prometió la ciencia la felicidad? No lo creo. Prometió la verdad, y la pregunta es saber si alguna vez haremos la felicidad con la verdad»*
> Émile Zola *(París, 1840-1902)*

La situación en zonas rurales en la Edad Moderna no había evolucionado mucho respecto a la forma de vida en esas mismas zonas siglos atrás. Había también una apreciable diferencia al comparar con las exiguas zonas urbanas o estructuras nobiliarias y religiosas. Incluso en esta comparación se encontraban fuertes diferencias al pasar los límites geográficos, sobre todo con y en Asturias. El drástico paso que se dio en Europa por la diseminación después de Roma y la lenta concentración de población en la Edad Media pervivió muchos siglos. Ello hizo que los conocimientos científicos en la Edad Moderna en nuestro entorno, tuviese más que ver con los conocimientos ancestrales, que con las rápidas corrientes que se encumbraron a partir del siglo XVI. Por ello conviene hacer un balance de conocimientos de la época grecorromana, porque estamos también señalando los conocimientos existentes en la región en el s. XVIII incluso por muchas de las clases más formadas. Es así conveniente hacer un repaso de los conocimientos externos a la región que estaban evolucionando en el mundo globalmente.

Se comenta por ello, de forma general y breve, la evolución de la ciencia y los conocimientos, mostrándose conformaciones de la sociedad que influyen en los desarrollos económicos.

1.1.1. La antigüedad

a) Hasta los poblados

Los seres humanos han luchado siempre por su supervivencia, y en ese camino han ido incorporando nuevas actividades. El fuego contribuyó a nuestra concepción humana, conservándolo accidentalmente o produciéndolo. También comenzó a conocer los fenómenos naturales en la tierra y el cielo. En el Paleolítico superior se introdujo el arco con flechas y el arte ritual (en el área cantábrica con pinturas en cuevas, en particular en Asturias) . Se habla después de la revolución neolítica hace unos siete mil años, quizás con un cambio climático, haciéndose asentamientos humanos permanentes con todo lo que implica de uso de animales, defensa mutua, propiedad, trabajo e intercambio de productos. Para vivir así se precisa contar, medir superficies, pensar en calendarios, además de organización y poder. Formas de todas estas culturas primitivas han llegado hasta nosotros, por antropólogos o incluso personalmente; la vida en poblados tampoco difería mucho de lo que se vivía en nuestros entornos hace unos pocos siglos.

b) Asia y Oriente Medio

El crecimiento del asentamiento humano con estructuras de poder crecientes da lugar a ciudades e imperios. Se precisa organización, afianzar servicios, (w^3.ba) administración para un territorio de dominación y se reduce la espontaneidad. Se precisó adquirir más conocimientos que los necesarios en poblados, y por ello algunas personas fueron ganando estos conocimientos, quizás también por propio interés, lo que podría ser un **inicio de la Ciencia**

India y sobre todo China fueron un mundo alejado de nuestro entorno hasta que algunos de sus inventos fueron traídos a Europa por los árabes alrededor del s. X. Los indios fueron buenos matemáticos, inventaron el cero. Los chinos fueron excelentes astrónomos incorporando en la vida las efemérides de los astros, desarrollaron la agricultura para lo cual precisaron geometría y contabilidad, como también puede verse por la construcción de la Gran Muralla entre el s. III y el XIII. Descubrieron el papel alrededor del s. I, y la pólvora en el s. VII o antes.

Mesopotamia y Egipto son nuestra historia de referencia a partir del 3000 a.C. o incluso antes, hasta la época de Roma. Mesopotamia tuvo una sucesión de imperios, sumerios, acadios, babilonios, asirios conectando el Neolítico y la Edad de los Metales. Descubrieron la rueda, la alfarería y la escritura (cuneiforme) de palabras y también los números (en base diez y sexagesimal, 60) con lo que podían hacer diversos cálculos. El sistema sexagesimal llegó a nosotros en los ángulos y el reloj. Los babilonios en particular fueron grandes astrónomos, observaron los movimientos de la luna, los planetas y las estrellas. Así inventaron el reloj de sol y definieron las estaciones, los meses las constelaciones y el zodiaco; es decir podían **predecir fenómenos**, lo que es una característica principal de la Ciencia.

La historia y los conocimientos en **Egipto** han estado ligados al Nilo durante varios milenios con su cultura uniforme. Escribían en papiros los conocimientos de contabilidad o geometría o medicina, áreas en las que fueron muy desarrollados. Usaron el sistema decimal, fueron excelentes geómetras midiendo superficies y volúmenes. En medicina conocían bien la momificación, las pociones e incluso que el corazón era el motor de la sangre. Como en otras sociedades, estos conocimientos eran exclusivos de sacerdotes y altos funcionarios. Es interesante el ejercicio de pensar cuales de esos conocimientos estaban disponibles en nuestra región para la mayoría de la población hasta hace doscientos años.

c). Los clásicos: Grecia y Roma.

Los griegos presentaron una curiosidad racional, de por qué ocurren las cosas, aportando este enfoque a las grandes culturas de Oriente Medio en las que se basaron. Tomaron el alfabeto de los fenicios, con letras y signos para números, con sistema decimal sin cero. Resulta interesante mencionar a figuras que ya llegaron a nuestros días, como Tales de Mileto y Pitágoras y sus conocidos teoremas. El primero dio importancia al agua como fundamento físico, menciona al ámbar que atraía partículas (electricidad estática) y describió las fases de la luna; Pitágoras concibió además la escala musical. Aristóteles planteó la idea de las esferas que giran para explicar el movimiento de los astros que llegó al s. XVI. En Medicina, a Hipócrates se le considera padre de la medicina por buscar las causas de las enfermedades y los remedios. La continuación de la ciencia griega (que decayó en el s. II a.C) y su integración con la oriental se realiza en Alejandría, en particular con Ptolomeo ya en época romana.

Los romanos dispusieron de una técnica (y leyes) admirables para poder hacer funcionar el imperio, dejando las elucubraciones para los griegos, se decía. Fueron excepcionales arquitectos (con figuras como Vitrubio), carreteras, puentes y acueductos, introduciendo la bóveda. Además, fijaron el calendario (juliano) que llegó al s. XVI. Su interés por el oro atrajo la atención a zonas como Belmonte y sobre todo las Médulas, no sólo con bateo sino también con el método de *ruina montium*. En medicina Galeno, discípulo de Hipócrates, aprendió anatomía y clasificó dolencias; manifestaba lo fácil de la especulación y lo difícil de la experimentación

Caballo del Camarín (Candamo)   Castro de Coaña   Bateo del oro (Navelgas)

1.1.2. La Edad Media

Me refiero aproximadamente a la época entre los años 500 y 1500 con una perspectiva europea. Con la caída del Imperio Romano de Occidente por las invasiones germánicas desaparecieron prácticamente muchas grandes ciudades, quedando una sociedad rural de pequeños poblados, con artesanía y agricultura rudimentarios. (Harari Y.N., 2011). La sociedad rural tiende a la autarquía, mientras que las ciudades se relacionan con la civilización y esta generaba tecnología que precisaba y podía hacer para crecer. La cultura, antes relacionada con el poder de las ciudades, ahora apenas se mantiene en monasterios, donde se cuida el soporte libro evolucionando desde los rollos, pero con los conocimientos grecolatinos, sin avances.

La **medicina** se ejercía sobre todo en los monasterios y en ellos se crearon los hospitales para atender y cuidar a los desvalidos

Respecto a la **tecnología**, a pesar de lo mencionado se desarrollaron inventos prácticos, nuevos o mejorados, que contribuyeron al lento desarrollo social.

- En navegación la quilla (y el timón) que potenciaron la navegación a vela al poder «ceñir» frente al viento y permitió el comercio naval y la llegada a América.
- Se multiplicaron los molinos de agua y viento para mazos, martillos y sierras
- En agricultura el arado de ruedas con animales, que permitía más profundidad y también el tonel.
- En movilidad, el caballo con la silla, la herradura y los estribos
- En construcción, la carretilla y el cristal para ventanas
- Para la industria, la chimenea y los primeros hornos para fundición
- Para uso personal, el jabón y se perfeccionó la rueca y el huso para hilar
- En economía, al utilizar la letra de cambio aparece el papel moneda

Alta Edad Media. En el Alto Medioevo podemos mencionar algunos sabios o personas con ciertos enfoques de **ciencia**

- Isidoro de Sevilla (560-636) que trata muchas disciplinas, incluyendo también eclipses y fenómenos geológicos.
- Beda el Venerable (622.735) que hizo cálculos del tiempo y dijo que la tierra es redonda como una bola.
- Alcuino de York (735-804) llevado por Carlomagno a la Escuela Palatina de Aquisgrán. Separaba la Filosofía y la Teología, y el resto, las Artes Liberales, que dividió en Trivium (Gramática, Lógica y Retórica) y Quatrivium (Aritmética, Geometría, Astronomía y Música) (w^3.nb). Esta será la base de los estudios generales y las universidades, y la forma en la que se conformó la Universidad de Oviedo en los primeros tiempos.

He hablado antes del enfoque eurocéntrico de nuestra visión, y para mostrar estas limitaciones se pueden mencionar los avances de la cultura maya entre los años 600 y 900 con contribuciones en astronomía y en particular el calendario maya que sorprende por su precisión.

El prerrománico asturiano es un buen ejemplo de la época, del que se muestran algunas construcciones en la siguiente figura.

San Julián de los Prados Fuente de Foncalada (época Alfonso II, 791-842)   San Salvador de Valdedios (se cree época Alfonso III, 852-910)

La ciencia árabe. La ciencia árabe fue sobre todo sintetizadora transmitiendo los conocimientos clásicos a Occidente. Resulta importante la creación de la casa de la Sabiduría en Bagdad en el s. VIII donde hubo contribuciones griegas, alejandrinas, persas e hindúes al menos. A Al Jwarizmi se le achaca la creación del Algebra y Al Fragan determinó con buena precisión la circunferencia terrestre a partir de datos de posición de estrellas en puntos alejados. Córdoba fue la capital deslumbrante del Califato de al-Andalus, con varios personajes relevantes, el más famoso el médico y sobre todo filósofo Averroes. Después pasó el foco a Toledo con los reinos de Taifas, donde trabajó el astrónomo Azarquiel que hizo medidas precisas con astrolabio, o el médico sevillano Avenzoar que hizo estudios de cadáveres humanos. La Escuela de Traductores de Toledo, con participación de árabes, judíos y cristianos fue importante para traducir al latín o al romance obras árabes y de Toledo, contribuyendo al desarrollo de la cultura de Occidente, a partir de su conquista por Alfonso VI en el año 1085. Alfonso X el Sabio (1221-1284) además de contribuir en la labor de traducción, se preocupó y tradujo un libro de Astronomía realizando las famosas Tablas Alfonsíes que predicen los movimientos del sol los planetas y la luna. En el límite del s. XII/XIII procedente de Sicilia que fue árabe hasta el s. XI, se puede mencionar a Fibbonaci que enseña en sus libros aritmética y cálculos como raíces cuadradas.

Baja Edad Media. A principios del s. XII aumenta la población, tal vez por mejoras agrícolas o especialización de los trabajos. Varias ciudades crecen y llegan a los 50000 habitantes, con catedral gótica, mercado, mercaderes y gremios, y las comunicaciones entre ciudades se hacen más fluidas. Empieza a haber personas cuya supervivencia no depende de la fuerza física, estudiando las artes liberales, el trívium y quatrivium, con algo así como un pequeño renacimiento en el s. XIII. Las **Universidades**, surgen de las antiguas Escuelas Catedralicias, generales o de Artes Liberales (algunas de prestigio como la de Chartres) que patrocinaban las órdenes religiosas, después los obispados y los cabildos, y posteriormente se independizan en una especie de unión de maestros y escolares. La universidad de Bolonia se fundó en 1088 como agrupación de estudiantes y en 1158 el emperador Federico I Barbarroja le concede la carta de fundación. En España los primeros estudios generales fueron en Palencia y Salamanca, esta última la primera universidad española, fundada en 1252. Funcionaban con dos grados, el primero con trívium y quatrivium, y el segundo en facultades para ejercer la profesión, filosofía, derecho y medicina. En la Alta Edad Media se enseñaba sobre todo a Platón, ahora sobre todo a Aristóteles y la escolástica.

En medicina, desde los hospitales y escuelas (como la de Salerno), se señaló la importancia de la limpieza de las heridas, se ideó el entablillamiento,

Claustro gótico.Cat. Oviedo / Sª María del Conceyu Llanes / Claustro San Vicente
(s. XIII-XVI) / (1240-s. XV) / 1570

se hicieron famosos algunos cirujanos, pero el método científico riguroso no se implanta hasta el s. XVII. La geografía, los mapas y herramientas con la implantación de la brújula (finales del s. XII) y las mejoras de los astrolabios, facilitan todas las exploraciones marinas en particular por portugueses y españoles.

Algunos nombres conocidos son: San Alberto Magno (1200-1280) dominico alemán con capacidad enciclopédica, desde filosofía (aristotélica) a tratados sobre alquimia, física, ciencias naturales, geografía, aire y respiración, se le dice «Doctor Universalis». Descubrió el arsénico e identificó el cinabrio, estudió climas, crecimiento de plantas, aunque se equivocó indicando que la tierra era plana. Dice que «los experimentos son la única forma de certificar los conocimientos», lamentablemente no se siguió después su estela en ciencias de la naturaleza. Roger Bacon (1214-1294) trabajó en óptica con reflexión y refracción y en la fuerza de gravedad sobre cuerpos. Jean Buridan (1350.1358), francés introdujo la teoría de que no se necesita fuerza continua para tener movimiento, pudiendo hacerlo por inercia. Nicolás de Oresme (1320-1382) trabajó en matemáticas con potencias, fue antecesor de los logaritmos y mencionó que le parecía más fácil que girase la tierra que los mecanismos de Ptolomeo.

El arte preponderante, gótico, tiene en Asturias como principal obra la catedral de Oviedo, modificándose lentamente con el renacimiento.

1.1.3. Renacimiento. Siglos XV y XVI

En el s. XV se produce un cambio en la manera de pensar y de las posibilidades del hombre en el mundo. El artista busca la belleza y la fama, el hombre de negocios crea la banca y letras de cambio, el hombre se hace navegante y explorador, los políticos se fijan en el Príncipe de Nicolás Maquiavelo, todo más antropocéntrico. En aspectos «científicos» hay entusiasmo, pero faltan logros.

Los primeros ejemplares que salieron de la imprenta (la Biblia) en 1453 se deben a Johan Gutemberg (1395-1467). En 1510 se habían editado ya 40000 títulos con medio millón de ejemplares, facilitando enormemente la difusión de la cultura. En España los primeros libros se editaron en Segovia y Valencia en 1472 y 1475. Nicolás Copérnico (Polonia 1473-1543) no comunicó sus descubrimientos hasta 1542 partiendo desde una Tierra inmóvil, hasta la teoría de girar sobre si y alrededor del sol. En Sevilla se crearon cátedras de matemáticas, astronomía y cartografía. También en el cambio de siglo viven tres matemáticos ilustres, Johann Müller (1433-76) que destacó en trigonometría; Tartaglia (1499-1559) en balística y caída de cuerpos (y su triángulo); y Jerónimo Cardano (1501-76) como introductor del Algebra en Europa (Bryson B, 2003). En Medicina Paracelso (1493-1540) rechazó los clásicos y luchó contra hechicerías, y preparó formulaciones incluyendo metales. Destaca en medicina Andrés Vesalio (1514-1564) maestro en anatomía elaborando láminas de gran claridad y precisión. La circulación de la sangre era un problema pendiente. El médico español Miguel Servet (1511-1553) planteó que la sangre se purificaba con el aire en los pulmones y por tanto descubriendo la circulación pulmonar. La doble circulación con aurículas y ventrículos fue descrita por William Harvey (1578-1657).

1.1.4. Siglo XVII

Se suele mencionar el s. XVII como época de decadencia, con una crisis económica en Europa y con disminución de población con pestes y guerras, pero que dio paso a genios únicos en literatura y pintura. Algo parecido pasa con la Ciencia, pues es también un periodo en el que aparecen una serie de genios que abren la ciencia a los desarrollos del s. XVIII y sobre todo XIX. Por la impresión que me creó como estudiante su uso, quiero remarcar la importancia del invento de los logaritmos por Henry Briggs y John Napier. (Comellas J.L., 2024).

Algunos nombres significativos son: René Descartes (1596-1650) filósofo y matemático al mismo tiempo que introdujo la geometría analítica o cartesiana, las coordenadas y las ecuaciones de varias figuras. Johannes Kepler (1571-1630), fué un calculista, al contrario que Ticho Brahe, dedujo la elipse descrita por los planetas, la proporcionalidad correspondiente a que los planetas alejados van más lentos y el año planetario proporcional al cubo de su distancia al sol. Galileo Galilei (1564-1642) pudo disponer de un telescopio más potente, demostrando la teoría heliocéntrica. Fue antecesor de Newton con sus trabajos de dinámica. Evangelista Torricelli inventó el barómetro para medir la presión atmosférica. Christian Huygens (1629-1695) construyó el péndulo cuyas leyes había dado Galileo y un reloj de resorte, dio una teoría de la fuerza centrífuga y de probabilidades y sugirió la naturaleza ondulatoria de la luz. Wilhem Leibniz

Universidad de Oviedo Palacio Camposagrado Avilés Monasterio San Pelayo
1608 / 1696 / 1703

(1646-1716) desde la geometría analítica contribuyó al tratamiento de los límites y el cálculo infinitesimal. Isaac Newton (1642,3-1727), publicó en 1687 su genial libro *Principios Matemáticos de la Filosofía Natural (Philosophie Naturalis Principia Mathematica o Principia...),* dio la Ley de la Gravitación Universal explicando el sistema solar y es el otro creador del cálculo infinitesimal. Trabajó con la luz en prismas viendo su descomposición y en 1704 publicó Opticks señalando a la luz como fenómeno corpuscular.

En Asturias el siglo XVII es época de palacios y casonas, muchos restaurados, con frecuente estilo barroco.

1.1.5. Siglo XVIII

El siglo XVIII, de la Ilustración, fue un periodo de crecimiento, con aumento general de la población, de la agricultura y los barcos, y mejora global de las condiciones de vida, con burguesía enriquecida por el comercio y la industria. Hubo un interés en el saber, en la capacidad de la razón y la crítica a conocimientos tradicionales. La Enciclopedia de Diderot y D´Alembert de 1780 con una 1ª Edición con 35 volúmenes tuvo impacto en toda Europa clasificando todos los conocimientos, y mostrando el carácter sistematizador que adquiría la Ciencia. Otra característica fue darle un sentido práctico, ciencia útil, a los saberes seguramente por la importancia de la rentabilidad para disponer de fondos. Así se desarrolló la geometría para la náutica, la dilatación para equipos como el termómetro, el estudio de los gases para la máquina de vapor y por supuesto la implicación de esta en el invento de nuevas máquinas mejorando la producción, que se comentará posteriormente en el cap.4.3.

Muchos de los grandes científicos del siglo debieron llegar a ser conocidos, en particular por los miembros de la denominada Ilustración Asturiana: -*En matemáticas*: los hermanos Bernoulli sobre todo Jacques, Leonhart Euler, Joseph Louis de Lagrange y Pierre Simon Laplace. -*En astronomía:* Joseph J. Llande, Charles Messier y William Herschel. -En *física:* Fahrenheit y Celsius,

Palacio Revillagigedo Gijón / Palacio Camposagrado Oviedo / Balneario Las Caldas
1721 / 1752 / 1776

Boyle, Gay Lussac, Coulomb, Franklin, Galvani, Volta y Cavendish. -En *química*: Black, Cavendish, Priestley, Stahl y sobre todo Lavoisier. -En ciencias *naturales*: Linneo, Leclerc y otros viajeros, los desarrollos en Jardines y el microscopio. -En *medicina*: Edward Jenner y se dieron algunos progresos importantes en anatomía y cirugía.

También se multiplicaron las Academias que habían comenzado en el s. XVII, la *Royal Society* de Londres que presidió Newton, la *Royal Academy* de Paris fundada por Colbert o la de Berlín por Leibniz. En España la Real Academia Española (Lengua) es de 1714, la de Farmacia de 1737, y otras como la de Ciencias y Artes de Barcelona (sobre todo literaria) de 1764, Medicina y Cirugía de Sevilla y Valladolid de 1693 y 1731. La Real Academia de Ciencias Exactas Físicas y Naturales, no se crea hasta 1847. Se considera sucesora en la historia de la Academia Real *Mathematica* de Madrid creada por Felipe II en 1582 y cerrada en 1783 por Carlos III que se dedicó sobre todo a la cosmografía y la náutica. En este siglo fue muy importante la creación de las Reales Sociedades de Amigos del Pais. La Vascongada fue aprobada en 1772 por el Consejo de Castilla, a partir de la iniciativa de los denominados Caballeritos de Azcoitia de 1748. El asturiano Pedro Rodríguez de Campomanes procuró su extensión a todo el reino, la Academia Asturiana de Amigos del País se creó en 1780/1.

En el siglo XVIII hay muchos ejemplos arquitectónicos en Asturias con características neoclásicas. Posiblemente el atraso científico en la región fue mayor que el arquitectónico.

1.1.6. Siglo XIX

En el siglo XIX con la reciente llegada de la Revolución industrial, comienza la era de los inventos, y la eclosión de la Ciencia va muy unida a las numerosas personas que mostraron nuevos conocimientos y verdades, por lo que será tratado de forma específica posteriormente en 1.2.a.. Su impacto en nuestra región, aunque fué importante en algunos aspectos sobre todo debido el binomio carbón-hierro, resultó retrasado varias décadas. Fue también una

Banco de Gijón Quinta Guadalupe, Casa mariñana (1906)
(1902) Colombres

época de los inventos tecnológicos por la unión de científicos, ingenieros e inversores que cambió la forma de vida, primeramente en las ciudades.

En el s. XIX la mejora económica en la región muestra muchos edificios modernistas, por supuesto casas populares como la mariñana, y habiendo un elevado número de emigrantes asturianos a América (más de 300000 hasta el primer tercio del s. XX), la vuelta de alguno de ellos enriquecido dará lugar a la arquitectura de indianos, como se muestra en la de la figura anexa.

1.2. El detalle y personas de referencia

a) CIENCIA Y MEDICINA

> *Los átomos son las unidades fundamentales de la materia, y cada elemento tiene un tipo único de átomo*
> John Dalton *(1766-1844)*

En ciencia es muy importante la identificación de los Paradigmas en vigor, y las personas que lo representan. Aunque se sepa que en ocasiones los descubrimientos suelen ser procesos con mucha gente involucrada, e incluso donde la labor de divulgación puede definir la propia existencia del descubrimiento. Se señalan a continuación diferentes áreas, indicando en cada una a alguno de los científicos bien conocidos por mucha gente.

a.1. Matemáticas

La historia de las matemáticas es muy antigua. Algunas referencias son: Euclides (325-265 a.C.) que escribió en Alejandría los *Elementos de*

Pitágoras   Euclides   Aryabhata (estatua en Pune)

Gerolamo Cardano   Blaise Pascal   Wilhelm von Leibnitz

Geometría, que fue la referencia de todo el campo de las matemáticas unos 2000 años. Incluía el teorema de Pitágoras (582-500 a.C.) de tres siglos antes. Arquímedes 287-212 a.C. aplicó la geometría y principios físicos al diseño de máquinas.

El número trascendental (infinito y no predecible) pi (π) se descubrió en distintos lugares de forma independiente. Las tablas de trigonometría se desarrollaron en India por Aryabhata (hacia 476-550) en el libro *Aryabhatiya* donde se incluían los decimales, el cero (que fue introducido en Europa junto a otras importantes contribuciones por Fibonacci en el libro *Liber Abaci* en 1202) y el cálculo de la raíz cuadrada.

Gerolamo Cardano (1501-1576) publicó su *Ars Magna* en 1545, el mejor libro de Algebra durante siglos que recogía la solución de ecuaciones de tercer y cuarto grado en que había trabajado Tartaglia. Las coordenadas cartesianas fueron introducidas por Rene Descartes (1596-1650). La teoría de probabilidades fue introducida por Pierre de Fermat y por Blaise Pascal (1623-1662), este último hizo máquinas de cálculo e introdujo la prensa hidráulica y el vacío. El cálculo fue desarrollado parece que independientemente por Isaac Newton con hincapié en derivadas y Wilhelm von Leibnitz (1646-1716) con hincapié en integrar para obtener volúmenes e introdujo la numeración binaria. (Pickover C., 2020)

a.2. Astronomía

Desde Babilonia y Egipto al menos, se recogieron muchos eventos y ciclos astronómicos. Gan De en China alrededor del 350 a.C. también hizo su catálogo astronómico. Aristóteles (384-322 a.C.) definió la teoría geocéntrica con la tierra en el centro de todo, y aunque Hiparco de Nicea (190-120 a.C.) había detectado cierto movimiento de la tierra, con tres constructos geométricos elaborados por Claudio Ptolomeo (Egipto 83-161), la estructura geocéntrica de Aristóteles pervivió hasta el s. XVI. La astronomía avanzó hasta el s. XVI sobre todo para navegación, usando la estrella polar y la brújula. En el s. XII se habían publicado las tablas toledanas y alfonsinas a partir de Azarquiel que además mejoró el astrolabio de Hiparco. También en España, Zacuto elaboró tablas solares para navegación durante el día.

La gran ventaja de la propuesta de Nicolás Copérnico (1473-1543) en el año 1543 respecto al modelo de Ptolomeo era la simplicidad al considerar al sol en el centro, heliocentrismo. El modelo fue apoyado por Johannes Kepler (1571-1630) estudiando la órbita errática de Marte y proponiendo en 1593 que las órbitas de los planetas no eran circulares sino elípticas, moviéndose más despacio cuando estaban más lejos del Sol que se encuentra en un foco. Galileo Galilei (1564 -1642), después de montar

Nicolas Copérnico   Johannes Kepler   Galileo Galilei

potentes telescopios viendo por ejemplo satélites de Júpiter (que no giraban alrededor de la Tierra), en 1615 describió la teoría heliocéntrica. Posteriormente se fueron descubriendo otros satélites y planetas. En 1687 Isaac Newton en su libro *Principia* ya mencionado, dio una explicación científica de las observaciones en base a la gravedad como fuerza que mantiene el sistema. El descubrimiento y utilización de telescopios en el s. XVI aumentó la información y conocimientos para el desarrollo de las matemáticas y la física.

a.3. Física

Tales en el s. VII a.C. consideraba que los fenómenos de la naturaleza debían ser explicados a partir de las observaciones. Aristóteles 300 años después estableció una serie de teorías, como la de los cuatro elementos, que se adoptó por el cristianismo, y que se fue poniendo en duda a partir de finales del s. XV, con el Renacimiento. En ese periodo hubo muchos desarrollos en los campos de la construcción, la geometría o la medicina y los equipos mecánicos. Leonardo da Vinci (1452-1519) ha sido sin duda un genio, también en el campo de la ingeniería, arquitectura, astronomía, anatomía y medicina.

Isaac Newton (1643-1727) nuevamente en su ya mencionado libro «*Principia*», uno de los más influyentes de la historia de la Ciencia, introdujo tres leyes del movimiento: la inercia, el impacto de la fuerza en la aceleración y la de acción-reacción, en definitiva el principio de conservación de la cantidad de movimiento. En ello se incluyó el efecto de la gravedad. También co-inventó el cálculo matemático y contribuyó al establecimiento del método científico.

Leonardo da Vinci   Isaac Newton

La mecánica se desarrolló desde la antigüedad, en relación con la arquitectura y el crecimiento de las máquinas; basta con recordar aquí a las antiguas civilizaciones o a Arquímedes (287-212 a.C.)

La óptica se puede considerar iniciada con las lentes (en particular de cuarzo) en Mesopotamia y Egipto y fue tema de discusión en la época clásica griega. Las lentes se mejoraron en la Edad Media e incluso se describió una ley análoga a la de Snell (sobre el ángulo de refracción de la luz). La industria de lentes, con pulido, comenzó en el s. XIII sobre todo en Italia, desarrollándose en particular en Países Bajos, junto con los espejos planos y curvos. La utilización del telescopio por Galileo Galilei (y posteriormente por Johannes Kepler) marcó un cambio en la concepción de la astronomía y de la ciencia. René Descartes describió la reflexión y refracción desarrollándose también la competencia entre telescopios de lentes y de espejos que duró siglos hasta la preponderancia de espejos a finales del s. XIX. Isaac Newton dividió la luz blanca y consideró una teoría corpuscular de la luz alrededor de 1670 publicando en 1704 *Opticks* que dio preponderancia a este carácter. Mientras tanto, Robert Hooke sugería el carácter ondulatorio, que después describió Christiaan Huygens, siendo demostrado por el experimento de la doble rendija de Thomas Young. Ambos enfoques comenzaron a unificarse con la teoría del electromagnetismo por James Maxwell en 1865.

La historia de la electricidad puede comenzarse por los fenómenos naturales con la electricidad estática por fricción de ámbar alrededor de 1740, o en las indicaciones de Benjamín Franklin (1706-1790) de que la electricidad era también una especie de fluido y que electricidad y luz eran fenómenos idénticos. Las observaciones del médico y físico Luigi Galvani (1737-1798) en 1775 con patas de rana sobre placa de cobre observando fuertes contracciones musculares, aumentó el interés por la electricidad, e incluso por temas más modernos como la electroquímica y biofísica. Alessandro Volta mostró que al colocar un material húmedo (como cartón embebido en salmuera) entre dos

Benjamin Franklin   Luigi Galvani   Alessandro Volta

André Marie Ampère   Fran Christian Oersted   Carl Friedrich Gauss

metales diferentes (como Zn y Cu) se generaba corriente continua, disponiéndose así ya de una batería, con la que por ejemplo Davy hizo el descubrimiento de varios elementos químicos.

André Marie Ampère (1775-1836) vio que la polaridad de un imán cambiaba al hacerlo la dirección de la corriente eléctrica y Hans Christian Oersted
(1777-1851) que las corrientes eléctricas crean campos magnéticos. Carl
Friedrich Gauss (1777-1855), matemático, construyó un magnetómetro para
medir el campo magnético terrestre y un telégrafo electromagnético, y enunció las leyes de Gauss. (Ordóñez J., 2013)

a.4. Química

Aristóteles añadió el éter a los cuatro elementos materiales clásicos griegos tierra, agua, fuego y aire. En Alejandría parece que alrededor del s. IV
surgió la Alquimia como conocimiento sobre todo de metales y técnicas, buscando particularmente la trasmutación de metales en oro. El enfoque pervivió
más de mil doscientos años cuando fue substituida por la Química

Robert Boyle (1627-1691) en el s. XVII pasó de ser alquimista, como algo
oculto y de supersticiones, a químico como ciencia, publicando el *Químico
Excéptico* en 1661. Demostró que el aire era necesario para la vida, para las
llamas y para transmitirse el sonido, y que el volumen de un gas era inversamente proporcional a la presión a la que está sometido. Todo con grandes
repercusiones en ciencia y tecnología. Sin embargo, murió pensando aún que
era posible la transmutación.

Hasta mediados del s. XVIII se descubrieron varias substancias como fósforo, dióxido de carbono, hidrógeno y nitrógeno, varios metales como bario,

Robert Boyle   Antoine Lavoisier   Humphry Davy

molibdeno y wolframio. Antoine-Laurent Lavoisier (1743-1794) publicó en 1789 *Tratado elemental de Química* terminando con la teoría del flogisto que se suponía era una substancia invisible que contenían los materiales combustibles, que había sido desarrollada por Georg Stahl (1660-1734) y que aún pervivía. En este libro publicaba ya algunas decenas de elementos. Además, participó en el descubrimiento del oxígeno (junto con Joseph Priestley) y llegó a disponer de un laboratorio moderno, con balanzas, pudiendo repetir y discutir experimentos polémicos. Estandarizó la química y su metodología, y dio un enfoque moderno para la ciencia general.

En la siguiente etapa del descubrimiento de elementos, Humphry Davy (1778-1829) que se conoce también por haber descubierto en 1815 la lámpara Davy de seguridad para minas, juega un importante papel. Junto con otros miembros de la *Royal Institution*, prepararon en 1807 una batería de Ag/Zn, la pila que Volta había presentado en 1800. Aplicando entonces la electricidad generada produjo la electrolisis de compuestos, en particular NaOH y KOH probando que eran compuestos, no elementos como había indicado Lavoisier, al obtener sodio y potasio. También descubrió el Mg, Ca, B, Ba y demostró que el cloro era un «elemento». Fue en alguna manera padre de la electroquímica que fue desarrollada de forma potente por Michael Faraday.

Con su teoría atómica. John Dalton (1766-1844) llegó a la conclusión de que había unidades básicas que no se pueden dividir, átomos (como había comentado Demócrito) que se unían entre si al reaccionar. Al gas más ligero, hidrógeno, le dio el valor 1 y a partir de ahí observó el peso de otros con igual volumen. También introdujo el principio de que la unión de átomos formaba moléculas (la de hidrógeno formada por dos átomos). La cantidad de moléculas de hidrógeno que pesaban dos gramos era un número muy alto $6,022 \times 10^{23}$,

John Dalton   Amedeo Avogadro   Dimitri Mendeleev

denominado número de Avogadro en honor a Amadeo Avogadro (1776-1856), también se mostró que el volumen de un gas a una determinada presión y temperatura es proporcional al número de átomos o moléculas. Dalton dedujo además que los átomos se unían en proporciones constantes.

La clasificación de los elementos y su ordenación fue un tema importante. John Newlands (1837-1898) presentó en 1863 una tabla de los elementos ordenada por masas atómicas con la ley de las octavas. Pero el mérito principal fue de Dimitri Mendeleev (1837-1898) que en 1869 propuso la tabla periódica, en filas horizontales, donde las columnas verticales son grupos de propiedades similares, ordenada por masas (aún no se conocía el número atómico).

Se achaca a tres españoles el descubrimiento de elementos, el numero 78 platino a Antonio de Ulloa (Sevilla 1716-1795) en 1749; el número 74 wolframio (o tungsteno) a Juan José y Fausto Elhuyar (Fausto, Logroño 1755-1833)

Antonio de Ulloa   Fausto Elhuyar   Andrés Manuel del Río

en 1783; y el número 23 vanadio a Andrés Manuel del Río (Madrid 1764-1849) en 1801. La imagen de los tres se recoge, no por su impacto científico global, sino por su proximidad. Fausto Elhuyar fue el director General de Minas en España que nombró a Guillermo Schultz en 1833 encargado de inspección minera de Galicia y Asturias.

El desarrollo de la Química Orgánica, del carbono, condujo a un gran conocimiento de la estructura atómica y las transformaciones posibles. En 1827 Justus von Liebig (1803-73) introdujo los símbolos químicos (junto con Friedrich Wöhler), vio que compuestos con igual fórmula de átomos tenían distintas propiedades por tener distinta estructura (isómeros). Mostró que los compuestos químicos útiles se pueden obtener en laboratorios, no sólo de forma natural. Asimismo, señaló el papel de la fotosíntesis, que los compuestos se forman al unirse elementos positivos y negativos y que se podían substituir unos elementos por otros. Jean-Baptiste Dumas (1800-1884) y Jöns Jacob Berzelius (1779-1848) contribuyeron de forma importante al desarrollo de compuestos orgánicos, y el primero a la medida de pcsos atómicos.

A finales del s. XIX el químico orgánico Emil Fischer estudió la estructura de azúcares y proteínas abriendo paso a la bioquímica. Sintetizó y caracterizó muchos compuestos existentes en productos naturales, en particular purinas y aminoácidos. Descubrió que la actividad de las enzimas era debida a su estructura molecular, transformando compuestos de forma específica.

En la segunda mitad del s. XIX se produjeron descubrimientos muy importantes en el campo intermedio entre química y física, la fisicoquímica (Solís C., 2021 (9ed)). En lugar de concentrarse en determinar los productos de la reacción, el objetivo era estudiar la propia reacción, introduciendo la idea de la afinidad. En 1840 Henri Hess (1802-1850) enuncia la ley de conservación de la energía, viéndose que el calor de reacción no

Justus von Liebig   Jean Baptista Dumas   Jöns Jacob Berzelius

era proporcional a la afinidad. El estudio de la cinética de las reacciones se inició en 1854 con Ferdinand Wilhelmy (1812-1864) estudiando la inversión de sacarosa en presencia de ácidos, introduciéndose a continuación la ley de acción de masas y los órdenes cinéticos. Para analizar los procesos en disolución se partió de las medidas de la presión osmótica, fenómeno descrito por Friedrich Pfeiffer (1845-1920) en 1877, procurando a continuación buscarse (en particular Van´t Hoff) una relación con los gases ideales y su ecuación (pV=nRT). Rudolph Clausius (1822-1888) en 1857 propone que en las disoluciones la ionización está presente desde el momento de la disolución, que explicaba la ley de Raoult sobre el impacto en el punto de congelación de disoluciones. Wilhelm Ostwald (1853-1932) formuló la ley de su nombre para la disociación de electrolitos, trabajó en catálisis e incluso elaboró un proceso en 1902 para la oxidación $NH_3 \rightarrow HNO_3$ con catalizador de Pt, para su uso en explosivos y fertilizantes. Svante Arrhenius (1859-1927) caracteriza la presencia de iones H^+ y HO^- y ya en 1909 Soren Sorensen introduce el concepto de pH.

La termodinámica se desarrolla en la segunda mitad del s. XIX. El físico Josiah Willard Gibbs (1839-1903) publicó entre 1875 y 1878 *Sobre el equilibrio de sustancias heterogéneas,* explicando los estados químicos y las relaciones de energía, trabajo, calor y temperatura. Introdujo el concepto de potencial químico y energía libre. Junto con James Clerk Maxwell (1831-1879) y Ludwig Boltzmann (1844-1906) desarrollaron la mecánica estadística, explicando la termodinámica a partir de las propiedades de conjuntos grandes de partículas y abrieron paso a la física de principios del s. XX (Solís C., 2021 (9ed)).

Josiah Willard Gibbs   James Clerk Maxwell   Ludwig Boltzmann

a.5. Biología

Aristóteles (384-322 a.C) clasificó los seres vivos en animales y plantas, cuyas características no cambiaban (Darwin en 1859 demostró que evolucionaban). Diferenciaba los animales que vivían en tierra, en agua y en aire, y que podían ser vertebrados o invertebrados. Los animales de sangre los dividía en mamíferos y reproductores por huevos y los de no sangre en insectos crustáceos y moluscos. Aunque mencionado habitualmente como filósofo, puede calificarse también como el primer gran biólogo, clasificando más de 500 especies con la ayuda de Teofrasto y consideró una clasificación desde Dios, animales, vegetales y minerales. Ello pervivió 2000 años, comenzando a cambiar en el s. XVIII. Aristóteles, discípulo de Platón, estuvo en la Academia de Atenas veinte años, cinco años como maestro de Alejandro Magno y posteriormente fundó el Liceo de Atenas, escribiendo 200 obras, conservándose sólo 31 (Solís C., 2021 (9ed)). Tito Lucrecio Caro (99-55 a.C) en la cultura romana asimiló la cultura griega, escribió la reconocida obra *De la naturaleza de las cosas*, considerándose que

Aristóteles (Museo del Prado)

Lucrecio Caro

Girolamo Fracastoro

Antoine van Leuwenhoek

Carl Zeiss

Ernst Abbé

influyó en el atomismo. En esta obra se mencionan frases sobre algunos aspectos importantes para el mantenimiento de los animales existentes indicándose en ocasiones que presenta aspectos comunes con la teoría de la evolución del s. XIX (w[3].gb). Girolamo Fracastoro (1478-1553) en 1520 escribió que la sífilis, enfermedad de transmisión sexual se propagaba mediante seres invisibles abriendo el paso a la teoría microbiana de la enfermedad.

El telescopio fue desarrollado en el s. XVI, el microscopio lo fue siguiendo principios físicos análogos por Robert Hooke (1635-1703 como describió en el libro *Micrographia* (1665). Pero se debe señalar en particular a Antoine van Leeuwenhoek (1632-1723), un vendedor de lentes que consiguió aumentos de 300 veces, 10 veces más que otros de su tiempo, examinando entonces insectos, fósiles, cristales y tejidos animales y vegetales, llegando a descubrir protozoos y bacterias. La mejora de los microscopios fue enorme con las aportaciones de Ernst Abbé (1840-1905) y de Carl Zeiss (1816-1888)

Como se ha dicho, Aristóteles había planteado un tipo de clasificación de seres vivos, mucho después en el s. XVI Konrad von Gestner y Andrea Cesalpino agruparon las plantas según frutas y tipos de semillas. En el s. XVIII Carolus Linnaeus (1707-1778) recogió muchas especies, incluso uno de sus estudiantes Daniel Solandes participó en el viaje de James Cook en 1768 por el Pacífico Sur. Linnaeus (o Linneo) publicó *Species Plantarun* con 7300 especies en 1753, e introdujo el sistema binomial (género y especie). Georges-Louis Leclerc de Buffon (1707-1788) publicó en el año 1749 el primer volumen de la obra *Historia Natural* que pretendía recoger todo el saber humano del campo, que llegó a 44 volúmenes en 1804. Otro francés, Jean-Baptiste Lamarck (1744-1829), publicó en 1778 *Flora francesa*, utilizando el método dicotómico para la identificación de especies, y en 1809 *Filosofía zoológica* adelantándose con una primera teoría de la evolución. Incluso introdujo el término biología para la ciencia de los seres vivos.

Carolus Linnaeus

G.L. Le Clerc de Buffon

Jean-Baptiste Lamarck

La organización de las células o teoría de **las células** como unidades básicas de la vida en plantas se introduce a partir de 1838 por Mattias Schleiden (1804-1881); poco después Theodor Schwann (1810-1882) la extendió a animales reconociéndose en el s. XIX, y siendo en alguna forma el equivalente de la teoría atómica en química. Se va estableciendo y reconociendo la reproducción asexual como amebas, y sexual (meiosis) en animales y plantas.

Ferdinand Cohn (1828-1898) mostró que había diferentes tipos de bacterias, publicando en 1872 la primera clasificación. Louis Pasteur (1822-1895) terminó con la doctrina de generación espontánea de seres vivos, promovió la pasteurización y desarrolló procesos en la fabricación de cerveza. Es considerado padre de la microbiología, junto con Robert Koch (1843-1910) que descubrió los bacilos de la tuberculosis y cólera, demostró que el carbunco era causado por un microorganismo y fue autor de sus famosos *Postulados*.

Mattias Schleiden   Louis Pasteur   Robert Koch

Charles Darwin (1809-1882) publicó en 1859 *Sobre el origen de las especies* con una teoría de la evolución y de la selección natural, 23 años después de finalizar su viaje con el Beagle por el Océano Pacífico. La competición y la diversificación eran grandes fenómenos durante la evolución. Alfred Wallace 1823-1911) casi al mismo tiempo desarrollo también la teoría de la evolución.

El monje agustino Gregorio Mendel (1822-1884) publicó en 1866 el artículo «*Experimentos sobre hibridación de plantas*» con sus conocidas Leyes, aunque no fueron difundidas de forma amplia hasta principios del s. XX. Había cultivado generaciones de guisantes mirando rasgos como altura de tallo, color de flor y de guisantes, determinando rasgos dominantes y recesivos (definidos ahora por los alelos). El trabajo de Mendel comenzaba la época de la Genética, que después se pasó a usar como modelo la

Charles Darwin   Alfred Rusel Wallace   Gregor Mendel

Drosofila melanogaster (en lugar de guisantes*)*, en particular por Thomas
Hunt Morgan (1866-1945). Antiguamente Aristóteles había dicho que los
rasgos se transmitían en generaciones a través de la sangre, incluso Jean
Baptiste Lamarck (1744-1829) en su trabajo *Filosofía Zoológica* indicaba
que en la sangre de las jirafas estaba el componente para su largo cuello y la
capacidad de los seres vivos de trasladar a los herederos las características
adquiridas al adaptarse a los entornos.

a.6. Medicina

Las actuaciones en salud desde hace más de 10000 años han pasado
por ritos, uso de plantas, conocimientos óseos incluso alguna cirugía. Son
conocidas las prácticas en el antiguo Egipto, que pasaron a los griegos y
romanos. En la Edad Media se mantuvieron limitaciones de disección y
la difusión de los conocimientos clásicos se realizó por los árabes hacia
Europa. Los egipcios, consideraban curas en base a mejorar los canales de
aire, agua y sangre, o acciones como la trepanación, aunque consideraban
el corazón como centro de inteligencia, importancia que fue transferida al
cerebro por los griegos (Alcmaeon de Croton s.V a.C.). Hipócrates de Cos
(460-370 a.C.) es considerado el padre de la medicina, proponiendo que la
enfermedad era producida por el entorno a pesar de la respuesta del cuerpo,
fallando el balance de los fluidos corporales (sangre, flema, bilis amarilla
y negra). Es el autor de las instrucciones profesionales de preservar la vida
de los pacientes, dirigidas a los médicos (juramento hipocrático). Debían
comportarse de forma honesta, limpios, amables, con calma y con conocimiento; además dio guías de instrumentos, técnicas, iluminación, o disponer
de historiales adecuados.

Hipócrates

Galeno

En el mundo romano Galeno de Pérgamo (129-216) adoptó la teoría de los cuatro humores de Hipócrates y que su falta de equilibrio se podía identificar en órganos o lugares del cuerpo, lo que indicaba a los médicos donde actuar. Diseccionando animales (estaba prohibido en el hombre), señaló tres sistemas: cerebro/nervios, corazón/arterias, hígado/venas. Hizo cirugía de cerebro y ojos (cataratas), introdujo el tomar el pulso y el uso de sangría que duró hasta el s. XIX y describió en el año 473 medicamentos de origen vegetal. La traducción al latín de su obra a través del árabe en la Edad Media fue importante, llegando a Leonardo da Vinci (1452-1519)

Se conocen varios médicos del mundo islámico en la Edad Media. Al-Razi (Irán 865-925) señaló que algunas fiebres eran mecanismos de defensa del cuerpo ante la enfermedad, introdujo el yeso blanco para moldes, había sido alquimista adoptando el empirismo y escribió más de 100 libros. Avicena (Bujara, Uzbekistán 980-1037) integró conocimientos grecolatinos con los de Mesopotamia e India y escribió trescientos libros, entre ellos el *Canon de Medicina* o de Avicena. Habló del carácter contagioso de algunas enfermedades, su dispersión en agua y suelo, la enfermedad mental al generarse desordenes, el impacto del entorno y la dieta en la salud, y describió enfermedades sexuales, de piel, ojo y diabetes. Moisés Maimónides (Córdoba 1135-1204) judío sefardí, describió enfermedades como diabetes, hepatitis y neumonía, y siguió los principios de Galeno que transmitió.

El uso de hierbas medicinales ha sido importante en la medicina. Uno de los más mencionados es el médico Ibn Al-Baitar (1197-1248) que escribió *Libro de remedios herbales simples* ensayando los remedios y mencionando 1400 plantas, de ellas 200 nuevas. Garcia de Orta (1501-1568) judío portugués que trabajó en Goa introdujo plantas medicinales indias en Europa. En los monasterios europeos se realizó una labor muy importante de recogida de los conocimientos

Al-Razi   Avicena   Maimónides

Ibn Al-Baitar   García de Orta   Sauce

de plantas medicinales. Muchos de estos conocimientos llegaron hasta el s. XIX donde se promovió su análisis, separación y obtención química; por ejemplo, la corteza de sauce, usada para el dolor de cabeza, que contiene ácido acetil salicílico, componente de la aspirina, sintetizado químicamente en el s. XIX.

Leonardo da Vinci (1452-1519) consiguió hacer buenos dibujos del cuerpo humano, al poder hacer disección humana. Pero el gran mérito corresponde a Andrés Vesalio (1514-1564) autor de *Sobre la estructura del cuerpo humano* en 1543, obra dedicada a Carlos V (I de España) y poco después un compendio dedicado a Felipe II. Había nacido en Bruselas, entonces española. Comenzó analizando los datos anatómicos de macacos de Galeno, pero en 1539 un juez de Padua comenzó a suministrarle cadáveres de criminales ejecutados, lo que le dio un conocimiento superior a los estudios de Galeno corrigiendo, con delicadeza, algunas de sus respetadas observaciones durante un milenio, Es considerado el padre de la anatomía moderna, habiendo realizado dibujos maravillosos, con la ayuda de artistas.

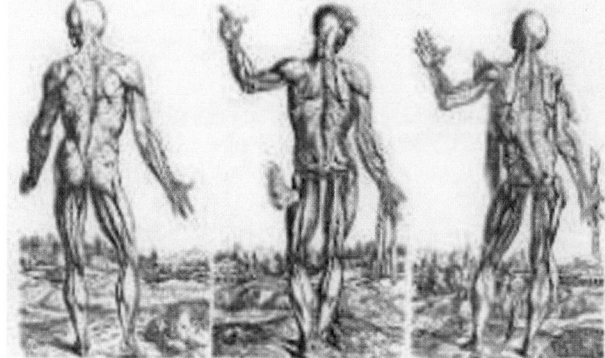

Andrés Vesalio   Disecciones humanas

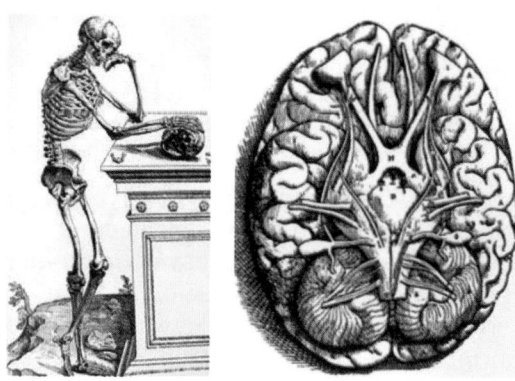

De Humani Corporis Fabrica

La utilización del microscopio, a partir de Robert Hooke y en particular de Antoine van Leeuwenhoek permitió conocer la existencia de microorganismos y en particular de las bacterias. La conexión entre enfermedades y gérmenes se fue desarrollando después. Edward Jenner (1749-1823) conoció que lecheras que habían padecido viruela vacuna resultaban inmunes a la viruela (humana). En 1796 inoculó pus de una herida de una lechera infectada de viruela vacuna en una sutura de un niño, que después de una ligera fiebre no contrajo la viruela humana cuando se inoculó con muestra de ella (varolización). Se había producido la inmunización y comenzado la época de las vacunas. En 1806 se llevó a cabo la expedición Balmis, financiada por Carlos IV y dirigida por Francisco Javier de Balmis (1753-1819), la primera acción humanitaria médica global, llevando a América 22 niños y después más a Filipinas, niños que mantenían en sí mismos la vacuna activa, y que permitieron allí la vacunación inicial y después su extensión.

Edward Jenner   Fco Javier de Balmis   Rudolf Virchow

En el s. XIX se multiplican los conocimientos. Rudolf Virchow (1821-1902) a partir de estudios en Silesia sobre tifus (1848) achacó su extensión a la falta de atención pública, mostrando la importancia de la Salud Pública. Había promovido también la teoría de que la enfermedad se genera por el estado anormal de las células, impulsando la patología.

Los conocimientos sobre el cerebro se lanzan en el s. XIX. Previamente Descartes (1596-1650) había indicado que los nervios contenían espíritus animales y también había planteado la separación de mente y cuerpo natural. Accidentes en diferentes zonas del cráneo mostraron aspectos de personalidad controlados por el lóbulo frontal (caso Phineas en 1848) induciendo la lobotomía. Richard Caton (1842-1926) experimentó en 1875 con corrientes eléctricas en monos y perros. Camilo Golgi (1843-1926) describió técnicas de tinción con cromato de plata y describió células nerviosas dotadas de extensiones. Santiago Ramón y Cajal (1852-1934) desarrollando esas técnicas

Richard Caton   Camilo Golgi   Santiago Ramón y Cajal

dedujo (1888) que eran unidades neuronas conectadas a través de dendritas y axones. Se le considera uno de los padres de la neurociencia. A final de siglo Ivan Petrovich Pavlov (1849-1936) demostró en 1901 con perros, la existencia de los reflejos condicionados que se debía a procesos fisiológicos.

a.7. Geología y Mineralogía

Geología

Teofrasto (371-287 a.C.) sucesor de Aristóteles en el Liceo, filósofo e importante botánico, clasificó las rocas según su dureza y comportamiento al calentar, e indicó posibles aplicaciones. En China Shen Kuo (1031-95) propuso que las estructuras terrestres se habían hecho por evolución (había visto conchas marinas muy lejos de la costa), y al ver bambú fosilizado en zona seca propuso que se producían cambios del clima; parece que fue también el primero en describir la brújula.

El médico y beato danés Nicolas Steno (1638-1686) mostró que muchos estratos son resultado de sedimentos, incluso formando montañas, y que además podía decirnos la cronología de eventos geológicos (1668). Se le considera uno de los precursores de la geología, aunque aún mantenía una hipótesis de edad de la Tierra de sólo 6000 años. Al escocés James Hutton (1726-97) se le considera el padre de la geología dándole el impulso definitivo con su libro *Teoría de la Tierra* de 1795. Propuso el ciclo geológico de erosión, deposición de las partículas y su consolidación en rocas sedimentarias, que podían ascender por movimientos orogénicos, volviendo al ciclo en una evolución repetida con tiempos muy superiores a los bíblicos. Influyó apreciablemente en las ideas de Darwin.

Roderick Impey Murchison en 1839 escribió *El sistema Silúrico* a partir de estudios del Sur de Gales, con fósiles sobre todo invertebrados y pocos vertebrados, cuyo inició se dató alrededor de hace 444 millones de años. También

| Shen Kuo | Nicolas Steno | James Hutton |

estableció el Devónico (con Adam Sedgwick) 25 millones de años posterior, y el Pérmico más reciente terminando hace unos 250 millones de años, en el final del periodo Paleozoico que engloba a los anteriores. Lewis Hunton profundizó en la bioestratigrafía (edad según fósiles en cada capa), y definió la importancia de los ammonites debido a su poca capacidad para la adaptación, para la división de estratos.

William Morris Davis, estadounidense, propuso en 1889 que la forma del terreno se generaba en largos ciclos, tierras elevadas, erosión y formas redondeadas, influyendo la estructura de rocas, la intensidad de los procesos de deterioro, y la antigüedad. La hoy bien conocida deriva de los continentes, curiosamente no es propuesta hasta 1906 por el alemán Alfred Wegener (1880-1930) y no es aceptada hasta 1928. Las tecnologías y satélites en el s. XX aumentaron el conocimiento ampliamente.

Mineralogía

Los minerales han marcado épocas de la humanidad por la importancia en su desarrollo. Así inicialmente el sílex, después oro y plata por su maleabilidad y cobre de fácil extracción de malaquita y azurita y que aleado con estaño constituye el bronce Finalmente el hierro. También las piedras preciosas. En la época griega Teofrasto escribió el primer tratado *Sobre las piedras*, y en la época romana Plinio el Viejo en el año 77 a.C. recopiló los conocimientos en el libro *Historia Natural*.

En la edad media, Isidoro de Sevilla (560-636) escribió 24 capítulos de Mineralogía en sus *Etimologías*, San Alberto Magno (1193/-1280) escribió *De mineralibus*, y Alfonso X el Sabio (1221-1284) *El Lapidario* en 1253 incluyendo piedras preciosas junto a aspectos astrológicos.

Isidoro de Sevilla
(por Bartolomé Murillo)

S.Alberto Magno
(por Pedro Berruguete)

Alfonso X el Sabio
Miniatura *Libro de Juegos*

Giorgio Agricola   Abate Haüey   James Dwight Dana

El químico alemán Georgius Agricola (Georg Bauer) (1494-1555) escribió el libro *De Natura Fossilium* en 1546 así como *De Re Metallica* en 1556 en 12 volúmenes. Este último trata las operaciones mineras, la depuración, procesamiento, fundición, extracción de sales entre otras operaciones, así como temas médicos y de contaminación. Se había escrito en latín, se tradujo al alemán y al italiano en 1557, al inglés en 1912 y al español en 1972. Se le considera fundador de la metalurgia moderna.

Con distintas contribuciones de Nicolás Steno que vió la regularidad geométrica y ángulos interfaciales, o Jean Baptiste Romé de l'Isle de los sistemas diédricos, fue René Just (Abate) Haüey (1743-1822) quien estableció las bases de la cristalografía, al agrupar los cristales según la simetría de su cristalización, periodicidad y orientaciones (más adelante índices de Miller). Se le considera padre de la cristalografía.

La clasificación de los minerales se estableció sobre todo por el estadounidense James Dwight Dana (1813-95) que viajó por el Pacífico sur, creando una gran colección, publicando su libro *Manual de Mineralogía* en el año 1848, todavía un libro de referencia y de uso actual. De alguna forma es el equivalente en mineralogía al trabajo de Linneo para plantas y animales. Divide los minerales en cuatro niveles: clases (basado en composición), tipo (características atómicas), grupo (basado en estructura) y especies.

a.8. Ambiental

Inicialmente la meteorología se basaba esencialmente en observaciones locales mirando la coincidencia de fenómenos. El objetivo ha sido siempre disponer de previsiones con la mayor antelación. Aristóteles escribió el libro *Meteorológica* y su discípulo Teofrasto el *Libro de señales*, en base a sus observaciones.

Evangelista Torricelli   George Hadley   Samuel Morse

En el s. XVII se avanzó en equipos de medida, Galileo el termómetro en 1607, Evangelista Torricelli (1608-47) el barómetro en 1643, Robert Hooke el anemómetro para medir la velocidad del viento, Horacio de Saussure el higrómetro capilar para medir la humedad. La explicación de la circulación atmosférica estudiando los alisios se debe a George Hadley (1685-1768) en 1735, Benjamin Franklin realizó seguimientos sobre base diaria, lo que sigue haciéndose frecuentemente por aficionados. La clasificación de las nubes se estableció en 1802 por Luke Howard y Francis Beaufort, así como de la fuerza del viento

Los desarrollos de la física se apoyaron con la meteorología de forma mutua. John Dalton en 1793 publicó sus observaciones meteorológicas de presión barométrica y velocidad del viento y procuró analizar los procesos que tenían lugar en la atmósfera. Incluso la consideración del vapor de agua como independiente del resto de componentes, le permitió enfocar el problema de los pesos atómicos de los elementos. La primera comunicación de Samuel Morse (1791-1872) por el telégrafo en 1844 fue muy importante para las predicciones a continuación. El uso de globos de imágenes de aviones, satélites y drones hasta este siglo ha aumentado la información, e incluso su análisis matemático a partir de Lewis F. Richardson (1922), incluso a partir de 1990 con métodos CFD (Pandiella S, 1999) que pueden «sintonizarse» utilizando los datos reales.

Final. Como ya he indicado, me ha parecido importante elaborar una breve descripción adicional de la evolución histórica de la ciencia, que por otra parte puede consultarse en numerosos libros que tratan el tema con mucha más amplitud. Entre los que he consultado personalmente, señalo algunos: (Bryson B, 2003), Solís C., 2021 (9ed) (Solís C., 2021 (9ed)), (Comellas J.L., 2024), (Pickover C., 2020), (Chalton N., 2015), (Vaclav S, 2018), (Ordóñez J., 2013) . El objetivo es colocar nuestra situación respecto a las corrientes principales. Globalmente, es interesante como en Asturias hasta finales del

s. XVIII, incluso hasta la llegada del salto energético, los conocimientos de ciencia están en su mayoría basados aun en los conocimientos clásicos, salvo en aspectos de ciencias naturales, matemáticas y medicina, que tienen algunas incorporaciones del entorno del s. XVI. En el ámbito de la tecnología el gran salto se produce a partir de la revolución industrial, aunque muchos desarrollos constructivos y mecánicos se habían producido siglos antes, indicados parcialmente en las secciones 1.2.b. y 4.1.

b. TECNOLOGÍA E INGENIERÍA

*Cualquier cosa que pueda ser imaginada
algún día se hará realidad
Julio Verne (1828-1905)*

No se plantea aquí un debate sobre la terminología ingeniería versus tecnología, habitualmente relacionada con desarrollar conocimientos para diseñar y construir en el primer caso, y aplicar los conocimientos técnicos para tener productos útiles en el segundo. Habitualmente se señala la necesidad de una titulación importante para los ingenieros, no ocurriendo así para los tecnólogos. La tecnología precisa también conocimientos científicos, lo que no se requiere cuando se habla de técnica o procedimientos. La ciencia pretende conocer la naturaleza, la realidad. En estos términos, los comentarios respecto a la evolución de procesos en el ámbito histórico tratado aquí, sobre todo en el s. XIX, para la obtención de materiales útiles corresponde más a la tecnología. Muy en particular en Asturias, donde en realidad estaban aplicando tecnología, con una participación importante de ingenieros extranjeros y de españoles que la trajeron del exterior

La historia de las tecnologías en las Grandes Culturas ha sido muy brillante. En 4.1 se indican las tecnologías tradicionales en Asturias, que son barridas por las surgidas con la revolución industrial. Comenzaremos con esta revolución este apartado.

b.1. La revolución industrial

A principios del s. XVIII se había ido estableciendo la necesidad de producir bienes, y que ello requería cada vez más energía además de la animal y la generada también por el agua, en particular para el sector textil. El uso del carbón vegetal empezaba a estar limitado por el agotamiento vegetal y la leyenda de que el carbón mineral desprendía gases venenosos, pero que al ser requerido su uso comenzó a ser abandonada.

Robert Boyle al describir la ley de gases ideales (compilada posteriormente por Gay-Lussac en 1802) influyó en los descubrimientos de la época que precisaba del manejo de gases. Thomas Newcomen (1663-1729) para evitar las inundaciones en minas (hasta entonces se trataban con las ineficientes bombas de aire y la de Thomas Savery) construyó su máquina en 1712 para extraer agua. Se basaba en que el vapor generado en la caldera empujaba un émbolo y viga hacia arriba, mientras el vacío creado después en el cilindro tiraba de la viga hacia abajo. Resultó un catalizador para la revolución industrial.

James Watt (1736-1819) escocés, ingeniero mecánico y químico, mejoró la máquina de vapor de Newcomen con el condensador de vapor separado, con la caldera independiente y la transformación del movimiento lineal en circular, el cigüeñal, parecido al pedal de los afiladores, entre otras mejoras. Generó así una máquina de vapor patentada en 1769, origen de la **Revolución Industrial**, que animó Watt con la creación de una compañía con Mathew Boulton en 1774. El proceso no fue demasiado rápido al principio. En el año

Thomas Newcomen   James Watt

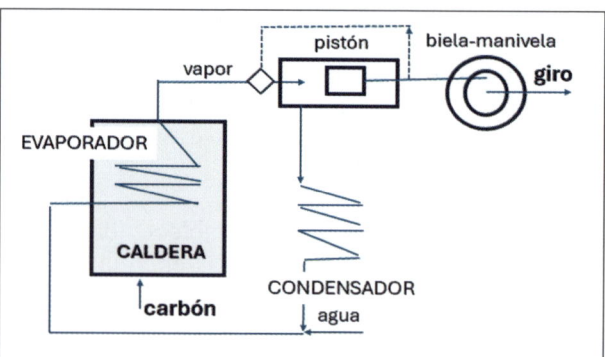

Máquina de vapor (sobresimplificada)

1800 había unas 496 máquinas de vapor, la mayoría 62% para maquinas textiles, 33% para bombeo de agua y 5% para los fuelles en los hornos altos (fue clave para el desarrollo de la siderurgia) aplicándose después en otras actividades. En 1830 había unas 10000 máquinas de vapor que aportaban autonomía, precisando sólo carbón y agua.

El impacto en el transporte no tardó en llegar. Los primeros barcos de vapor se movían en 1807 en el río Hudson (7 km/h), en 1812 en Glasgow y en 1816 en el Guadalquivir, empezando a liberarse la navegación de la fuerza del viento. La navegación oceánica resultaba compleja por la necesidad de una gran carga de carbón para el viaje, comenzando por uso mixto con viento y cuya implantación fué impulsada por la introducción de la hélice en 1859. El primer ferrocarril es del año 1825 utilizando carriles (se había probado sin carriles en 1769 fracasando) y fue desarrollado por George Stephenson (1781-1848) con locomotora y vagonetas de carbón, y que posteriormente admitió pasajeros. La fiebre del ferrocarril hizo que se pasase de 50 km de vías en 1830 a un millón en 1900, debiendo cuidarse por ejemplo tener pendientes inferiores al 3% y usando el sistema de agujas para permitir el cruce de trenes (1832). Esto promovió el crecimiento de muchos sectores necesarios en ese desarrollo, materiales, túneles, puentes, etc.

En España se dice que el primer ferrocarril, aunque minero fue el del Espartal entre la mina de Arnao y el puerto de Avilés en 1836. Considerando la Cuba española fue entre la Habana y Güines (1837), después Barcelona Mataró (1848), Madrid Aranjuez (1851). El ferrocarril de Langreo a Gijón se planificó en 1846 por el ingeniero José Elduayen, inaugurándose Gijón-Langreo en 1856.

Globalmente la revolución industrial se desarrolla con la participación de muchas personas, incluyendo la contribución de filósofos como Adam Smith (1723-1790) padre de la economía moderna, autor de *La riqueza de las naciones en 1776*, y en particular de numerosos inventos, como la máquina hiladora de Richard Arkwright (1732-1792) que había inventado en 1769. También muchas personas con conexión empresarial, y por supuesto de todos los técnicos y trabajadores, que solían proceder del campo. El sector del carbón crece por la aplicación de la máquina de vapor, sobre todo en el s. XIX, en el mismo sector de extracción del carbón y de otros sectores como la siderurgia (horno alto y convertidor (Blanco C, 1995)

Al mismo tiempo es un elemento promotor de muchos sectores industriales además del energético, al disponer de energía para mover materiales, aportar calor o por ejemplo aprovechar que la máquina de vapor, al generar movimiento circular en campos magnéticos, permitió el crecimiento del sector eléctrico. Con este empuje energético se han desarrollado así muchos sectores que señalaremos junto a su importancia en Asturias en la sección 4.3.

b.2. Explosivos

La pólvora (negra) parece que se descubrió en China antes del s. X, usándose para primitivos cañones en el s. XII, pasando a Europa donde se menciona al alquimista y fraile alemán Berthold Schwarz (1318?-1384) como introductor. La pólvora ya se fabricaba en el s. XIV, facilitando el desarrollo de la metalurgia para hacer cañones cada vez más resistentes. La fórmula original era nitrato potásico:carbón:azufre en porcentajes másicos 75:15:10. En el s. XVII se le comienza a dar uso en la industria minera en Alemania. En el s. XIX se desarrollan mezclas de la pólvora con algodón, con papel y con ácido nítrico.

Un cambio drástico se produce en 1847 cuando Ascanio Sobrero (1812-1888) obtiene la nitroglicerina (pólvora sin humo), que es altamente explosiva. Para ello se prepara una mezcla de ácidos sulfúrico y nítrico sobre la que al añadir la glicerina van teniendo lugar reacciones en serie exotérmicas (Fogler S., 2005) debiendo refrigerarse. Al acabar se lleva a cabo la separación añadiendo el producto sobre agua, se lavan los restos de ácidos con Na_2CO_3, y se filtra para eliminar humedad e impurezas en suspensión. Entre otros factores es importante la pureza de la glicerina (Ramirez V., 1994) y la eficacia de las operaciones.

Para evitar la explosión no controlada de nitroglicerina, se mezcló con tierra de diatomeas constituyendo la dinamita, más fácil de manejar, que patenta Alfred Nobel (1833-1896) en 1866 y que precisa de detonadores (inicialmente cápsula de cobre rellena de fulminato de mercurio. La introducción de la dinamita cambia la competencia industrial respecto al mercado establecido de la pólvora, en la segunda mitad del s. XIX. Posteriormente se descubren otros explosivos, como diversas gomas; sólo Nobel inscribió 355 patentes. Las sustancias explosivas se fueron diversificando en el s. XX, pudiendo clasificarse en aromáticos nitrados, ésteres nítricos y nitraminas (producidas todas por nitración en distintas formas, gelatinosas, pulverulentas, hidrogeles, etc.).

Berthold Schwarz (pólvora)   Ascanio Sobrero (nitroglicerina)   Alfred Nobel (dinamita)

$$4\ C_3H_5\ (NO_3)_3\ (l) \rightarrow 12\ CO_2\ (g) + 10\ H_2O\ (g) + O_2\ (g) + 6\ N_2\ (g)\quad \Delta H° = -5700\ kJ$$

Formación de nitroglicerina con nítrico y glicerina, y su fórmula 1,2,3-trinitroxipropano $C_3H_5N_3O_9$

b.3. Metalurgia: Zinc

El latón utilizado desde la antigüedad contiene zinc y cobre; aparecían ambos conjuntamente en algunas menas de cobre, que al fundir daban lugar a dicha aleación. No se estableció el zinc (Zn, N=30) como metal diferente hasta el s. XVIII, siendo sus minerales más abundantes el silicato Zn_2SiO_4. H_2O, y sobre todo óxido, carbonato (calamina) y sulfuro ZnS (blenda). La obtención habitual es reducir el óxido (ZnO) mediante carbón. El paso previo para formar óxido, a partir del carbonato es sencillo, basta eliminar CO_2 por calentamiento, mientras que la blenda debe concentrarse por flotación y después eliminar el azufre como SO_2. El óxido se reduce con **carbón** a 1000-1500°C teniendo un destilado de polvo fino y un condensado que se vierte en lingoteras, que contiene impurezas de Pb, As, Cd, Fe, y que se puede purificar redestilando. El Zn es muy electropositivo oxidándose al aire dando una capa de ZnO que protege de corrosión posterior. Es maleable a 120-150°C, después se hace quebradizo, funde a 419°C y hierve a 907°C. En el s. XX en lugar de la reducción con carbón se introdujo la producción electrolítica del Zn.

b.4. Fertilizantes. Sector Químico

Fertilizantes

El mayor impacto en el sector de fertilizantes en el s. XIX se debió al descubrimiento del valor del excremento de aves en distintas islas, el guano, durante un viaje de Alexander von Humbolt (1769-1859) por América del Sur y Central entre 1799 y 1804. Humboldt, que estudió en la Escuela Minas de Freiberg y con interesantes contribuciones geológicas y de clasificación de vegetales, se le considera también uno de los padres del ambientalismo. Se puede pensar en la magnitud del guano imaginando 11kg/año por ave, habiendo una población de unos 35 millones de aves en aquel tiempo, y después de haberse acumulado durante siglos. Su composición aproximada es nitrógeno (8-16%), ácido fosfórico (8-12%) potasio (2-3%). A partir de 1845 su explotación por Inglaterra y Estados Unidos ocasionó importantes efectos estratégicos con Estados Unidos extendiéndose al oeste y sobre todo con la guerra de 1879-1883 en la que Chile ganó más de 600 km de costa que perdieron Perú y Bolivia que se quedó sin salida al mar. Justus von Liebig (1803-1873) descubrió que las plantas necesitaban para su crecimiento elementos minerales como N y P, y a partir de mediados de siglo XIX la importancia del salitre pasó del sector de explosivos al de fertilizantes. El crecimiento de la producción de H_2SO_4 y HNO_3 tiene que ver también con ello.

Sector químico

En este proceso evolutivo se desarrolla a partir del s. XVII la fabricación de algunos productos químicos básicos, que son necesarios para productos industriales del s. XIX, así como de consumo que se indicarán en el capítulo 4.3. Se señalan a continuación algunos.

El **ácido sulfúrico** (H_2SO_4), se obtenía al menos desde la Edad Media en los laboratorios por los alquimistas calentando sulfatos naturales y disolviendo en agua los gases de SO_3 formados (vitriolo). El primer proceso industrial que se basaba en quemar azufre y nitrato potásico se debe a Joshua Ward en

$$2\,\textbf{SO}_2 + N_2O_3 + \textbf{O}_2 + H_2O \rightarrow 2\,SO_2(OH)(ONO) \text{ ácido nitrosilsulfúrico}$$

$$\longrightarrow N_2O_3 + 2\textbf{H}_2\textbf{SO}_4$$

Ácido sulfúrico (cámaras de plomo)

$$2\,\textbf{NaCl} + H_2SO_4 \rightarrow 2HCl + NaSO_4$$

$$\textbf{CaCO}_3 \longrightarrow Cas + 2CO_2 + \textbf{Na}_2\textbf{CO}_3$$

Carbonato sódico (proceso Leblanc)

$$H_2SO_4 + \textbf{NaNO}_3 \rightleftharpoons SO_4HNaO) + \textbf{HNO}_3$$

Acido nítrico (proceso Glauber)

Procesos desarrollados en los s. XVIII-XIX para obtener productos químicos básicos

Inglaterra en 1736 siendo los gases de SO_2 oxidados a SO_3 por los óxidos de nitrógeno, trabajando con un recipiente de vidrio sustituido después por plomo en 1793, y dando lugar a un proceso continuo a principios del s. XIX denominado el Método de las cámaras de plomo. La materia prima pasó a ser después las piritas (FeS_2) que se tuestan dando gases con SO_2 que van a la base de una torre (Glover) con ladrillos resistentes al ácido en la que se pulveriza la disolución acuosa absorbente, sacando ácido sulfúrico con concentración aproximada del 70%. La disolución de pirita es clave en el proceso (Mijangos F., 1992). El proceso se complementa con un sistema para disponer de óxidos de nitrógeno (oxidantes) en la torre Glover, que incluye flujo y reciclo a otra torre (Gay-Lussac). Este método, pervivió todo el s. XIX, y primera parte del s. XX. En 1901 en EEUU se puso en marcha el denominado Método de contacto.

La **fabricación de sosa** (Na_2CO_3), no confundir con sosa cáustica (NaOH), se produce a partir de sal común y ácido sulfúrico. El método fue desarrollado en 1820 por Nicholas Leblanc (1742-1806) con el método que lleva su nombre y contribuyó de forma importante al desarrollo industrial. Su uso estaba extendido como se ha dicho en la sección anterior (1.1.) para los sectores del vidrio, tintes y jabón, que eran productos muy importantes desde la antigüedad. A partir de 1870 el método Leblanc es substituido por el proceso Solvay (sin sulfúrico) y después por el electrolítico que se produjo en España ya en 1901 por Electroquímica de Flix. La **sosa cáustica** (NaOH) se obtenía por reacción de la sosa con $Ca(OH)_2$ precipitándose $CaCO_3$, actualmente se produce al tiempo que se obtiene Cl_2 por el método cloro álcali.

El **ácido nítrico** (HNO_3) era conocido desde la antigüedad. El método de obtención a partir de nitrato (potásico) y sulfúrico, tanto a escala de laboratorio como industrial, fue llevado a cabo por Johann Glauber (1604-1670) en 1650, estudiando también el uso de diversas sales. Se le suele considerar el primer químico industrial (o de ingeniería química) moderno. El uso de salitre (mezcla de nitratos de potasio y sodio en salares de Bolivia y Chile se convirtió en lo más barato para producir ácido nítrico en el s. XIX. La reacción presenta un equilibrio que al calentar se desplaza hacia la producción del ácido en fase acuosa (también se recogen los vapores en refrigerantes), y los óxidos residuales se podían eliminar mediante corriente de aire. La fábrica de ácidos se puso en marcha en **La Manjoya** al cambiar el siglo. Ya en el s. XX se descubre el método establecido hasta ahora que pasa por la producción de NH_3 (proceso Haber-Bosch 1910) a partir de N_2 del aire y H_2 con catalizador de Fe, Al_2O_3 y K_2O. A continuación, se realiza la oxidación catalítica de NH_3 para producir HNO_3 y nitratos (con Pt como catalizador) lo que hizo que se prescindiese del nitrato sudamericano y se multiplicase la producción agraria.

Hay dos productos de interés de uso doméstico que conviene mencionar y se señalan en Cap. 4.3., el jabón y la lejía.

Jabón. Su fabricación milenaria se basa en la saponificación, reacción entre grasas y álcalis (grasa+álcali→jabón+glicerina), obteniendo la sal de ácidos grasos (jabón) que puede usarse para limpiar. Una vez llevada a cabo la reacción añadiendo lentamente el álcali sobre la grasa hasta quedar pastosa, se añade NaCl para completar el cuajado, se retira el jabón que flota y se lleva a moldeado. Con una gran diversidad de materias primas, ha tenido usos muy diversos y con la adición de diferentes extractos. La acción limpiadora de grasas por parte del jabón se debe a su estructura con una parte liposoluble y otra hidrosoluble. Se han usado muchas grasas animales (Plinio el Viejo menciona la fabricación de jabón a partir de sebo) y vegetales (por ejemplo, aceite de oliva utilizado por los fenicios en 600 a.C, mejorando el olor respecto de los de grasas animales). Como álcali en la antigüedad se usaban cenizas de plantas (ricas en Na_2CO_3 y K_2CO_3) ya en la época de los sumerios (2000 a.C), y a partir del s. XVIII se introdujo el hidróxido sódico. Parece evidente el impacto social que ha ido generando el jabón, Galeno (s. II) prescribe su uso para aseo personal. En la Europa medieval era conocida su fabricación, y en el s. XV se había industrializado de forma bastante general.

Lejía. Aunque de forma general se considera a la lejía como disoluciones alcalinas en agua, producto oxidante que se utiliza como decolorante y desinfectante eficaz contra bacterias y hongos, es por antonomasia el hipoclorito sódico NaClO disuelto en agua. Es estable en medio básico mientras que al acidular se libera cloro Cl_2. El cloro fue descubierto por Scheele en 1774 después identificado por Humphrey Davy (1810). Se trata de un gas tóxico cuyo uso facilitó Louis Berthollet al fabricar NaClO (agua de Javel) alrededor de 1782, mejorado después al absorber el Cl_2 en disolución de K_2CO_3. El uso como **blanqueante**, primero de tejidos, se debe sobre todo a Charles Tennant, que substituyó el uso de orina y leche agria (o H_2SO_4) sometidos al sol durante meses, por una mezcla de Cl_2 y cal sólida (que se había comenzado a usar anteriormente por separado) constituyendo blanqueador en polvo más fácil de manejar, y dando lugar a la planta química más grande del mundo entre 1830 y 1840, incluyendo la empresa el transporte por barcos. El otro uso, como **antiséptico** potente y barato se establece socialmente en el s. XIX a partir de los descubrimientos de Louis Pasteur.

El Cl_2 se obtuvo inicialmente a partir de sal común (NaCl), pirolusita (MnO_2) y ácido sulfúrico ($2NaCl+MnO_2+2H_2SO_4→Cl_2+Na_2SO_4+MnSO_4+2H_2O$). Posteriormente para la producción de Cl_2 se desarrolló en 1874 el método Deacon (Henry) oxidando el HCl con oxígeno sobre catalizador de $CuCl_2$, y después a partir de 1892 el proceso cloro-álcali mediante electrolisis de una salmuera de NaCl (o KCl), que llega a la actualidad substituyéndose las iniciales celdas de mercurio (Castner-Kellner) por celdas de membrana.

b.5. Refractarios.

La operación industrial a altas temperaturas precisa de la protección mediante refractarios, que la RAE define como «materiales que resisten la acción del fuego sin cambiar de estado ni descomponerse», aunque siempre conviene concretar que resistan las condiciones sin deterioro durante un cierto periodo de tiempo. Suele denominarse como refractario si se usa por encima de 1000°C que tradicionalmente se ha medido como número 05A mediante los conos Seger (1500°C sería número 18). Este método pirométrico fue inventado por Herman Seger en 1886, aunque su resultado está influido por la velocidad de cocción. Además de exigencias térmicas (a temperaturas altas o a choques térmicos), los refractarios precisan buenas propiedades mecánicas (compresión, flexión, tracción, abrasión, impacto…) y químicas (para escorias, fundidos, ácidos, gases).

La composición química suele conformarse mediante sílice, sílice-alúmina, magnesia, zirconia y otros, lo que ha señalado la localización de las instalaciones próxima a las canteras, aunque también al punto de aplicación industrial. Los refractarios se han clasificado tradicionalmente según su carácter químico en: ácidos (ladrillos cocidos con alto contenido en sílice y baja alúmina), básicos (con magnesita y dolomía) y neutros (cromita y carbono).

Históricamente, en el s. XVIII (en España a finales del s. XIX) dejaron de usarse piedras naturales y comenzaron a usarse como material refractario ladrillos de arcilla cocida (silico-aluminosos con baja alúmina) de forma muy

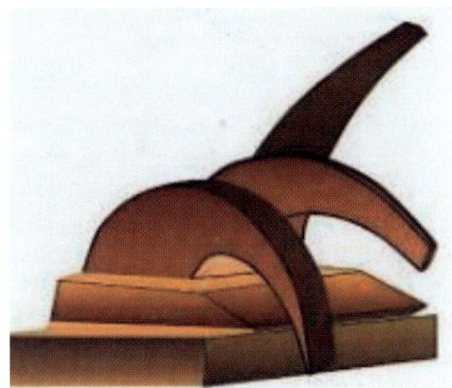

Conos Seger (siglo XIX)

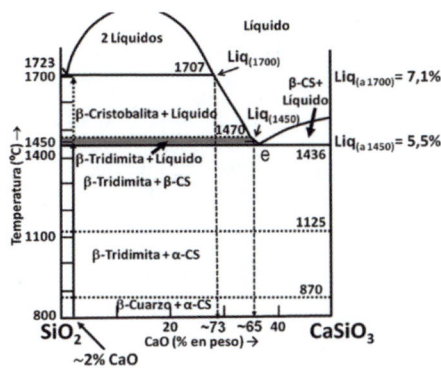

Diagrama de fases SiO2-CaO

extendida. El aumento de Al_2O_3 al 50% (p.ej. caolín) daba buena resistencia térmica, usándose en cemento y después en siderurgia (para fundir acero se precisan 1500/1600°C. Las necesidades de los convertidores Bessemer (1856) y hornos de reverbero (1863) precisaron el uso de mejores ladrillos, por ejemplo de cuarcita de grano fino. Los refractarios básicos se utilizan con atmósferas básicas y se comenzaron a utilizar porque podían reaccionar con el óxido de fósforo tan pronto se formase en los convertidores Bessemer y que luego se extendió a los de reverbero (cap.4.2). Los neutros obtenidos a partir de bauxita o chamota tienen SiO_2 y Al_2O_3 han sido bastante usados para crisoles, habiéndose introducido también los de carbono. El conocimiento era puramente empírico, pero actualmente se dispone del diagrama de fases, el de $CaO-SiO_2$ se muestra en la figura anterior. El revestimiento refractario no sólo protege la estructura de las altas temperaturas de los materiales que se procesan, también reduce las pérdidas de calor con un ahorro energético y protección del impacto al exterior.

b.6. Cemento, vidrio, cal y cerámica.

Cemento.

La historia de los cementos «naturales» es amplia con algunas combinaciones que daban buena resistencia mecánica o frente al agua. En Mesopotamia, Egipto, después los griegos y romanos vieron los buenos resultados de la mezcla de depósitos volcánicos con caliza, arena y agua. A mediados del s. XVIII se vió que la presencia de arcilla en cales las mejoraba, y en Francia a partir de 1830 el negocio de la familia Lafarge de cales y cementos naturales resultó muy importante, en particular para la construcción de puertos mediterráneos (w[3].pb).

Cantera Tudela Veguín   Horno rotatorio cemento

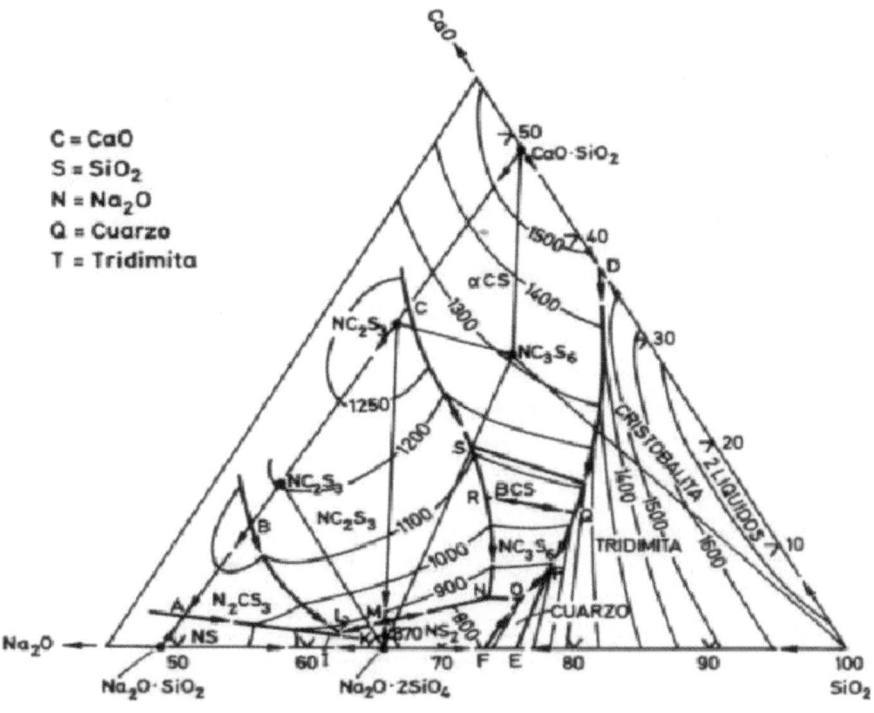

Diagrama fase:$Na_2O:SiO_2$:CaO

En 1796 se creaba un nuevo cemento al quemar piedras calizas, que se patentó y empezó a fabricarse. En 1824 James Parker y Joseph Aspdin patentaron un nuevo cemento que denominaron Cemento Portland de color obscuro fabricado por combustión conjunta de caliza y carbón, que resultaba inicialmente de producción compleja (aunque se utilizó en un túnel bajo el Támesis mostrando su potencia), y que fue mejorado por Isaac Ch. Johnson en 1844 mostrando el interés de la composición de cal y arcilla rica en sílice. En Alemania empieza a fabricarse el cemento Portland «clinker» en 1852, y en 1869 en Francia por la cementera Lafarge. En España con buenas cales y cementos naturales se incorpora más tarde su fabricación. La fabricación se hacía vía húmeda mezclando caliza y arcilla con agua y cociéndolo en hornos verticales. En 1885 el inglés Frederick Ransome (1818-1893) introduce la via seca, con hornos rotatorios de acero revestidos interiormente de refractario con ligera pendiente descendente que llegan a la actualidad (w^3.pc). Una definición para el Clinker es, el producto de la reacción (a unos 1300°C) entre caliza y otro material con $SiO_2.Al_2O_3$ (con algo de Fe_2O_3) (w^3.qa).

Vidrio.

El vidrio es un sólido amorfo transparente, que se encuentra en la naturaleza (p.ej. obsidiana) o producido por el hombre. Parece que fue descubierto en Siria al fundir natrón (carbonato de sodio hidratado $Na_2CO_3.10H_2O$, mineral u obtenido de calcinación de plantas de aguas salobres) mezclado con arena (SiO_2), resultando un material transparente. En la formulación estándar se añade además caliza ($CaCO_3$) calentando a unos 1500°C. En la historia en Egipto y Mesopotamia se fabricó también como piedras semipreciosas. En la Europa de la Edad Media se usó para mosaicos y vidrieras, los venecianos desde Murano dominaron el mercado con vidrio incoloro muy transparente, también coloreados y opacos, hasta el año 1700. Hay muchos tipos de vidrio, de sílice, el más frecuente es el sódico-cálcico, con SiO_2/CaO/Na_2O en proporciones aproximadas 73/13/14 (ver diagrama anterior); el plomado usa Pb en lugar de Ca y para la industria química se introduce boro. Según su fabricación se clasifican como soplado, templado y laminado. Su aplicación para telescopios, lentes de Galileo y espejos de Newton, así como para el microscopio de Leeuwenhoek, en los siglos XVI y XVII, con las mejoras de Zeiss y Abbe en el s. XIX marcan grandes desarrollos científicos. En 1665 en París a propuesta del ministro Colbert de Luis XIV, se funda la Real Fábrica del Vidrio, que después se traslada al pueblo Saint Gobain que le da nombre a la compañía líder en el mercado, que remodelará la estructura del sector, y que se presenta en Asturias en el s. XX.

Cal.

Es un producto tradicional en construcción, recubrimientos y uso agrario, también muy útil en la industria, como alcalinizante en fase acuosa (por ejemplo, en el tratamiento de agua), o como fundente en el proceso del acero. Se ha usado a partir de finales del s. XIX reaccionando con coque para la producción de carburo cálcico. Se obtiene por calcinación ($CaCO_{3\,(sol)} \rightarrow CaO_{(sol)} + CO_{2(gas)}$) de carbonato cálcico presente en caliza, marga o creta, con un muy elevado consumo energético ($\Delta H = 178,4 kJ/mol$). La cal viva (CaO) se tritura y tamiza almacenándola, se puede además hidratarla con agua formando $Ca(OH)_2$ cal apagada, en una reacción exotérmica $\Delta H = -65,2 kJ/mol$. La *cal común* procede de la calcinación de caliza, endurece con el CO_2 del aire usándose para revestimientos interiores donde no haya problemas de humedad, mientras la *cal hidráulica* obtenida por calcinación de caliza con arcilla (u otros aditivos) fragua tanto al aire como bajo el agua, usándose por ello en estructuras más resistentes como cimientos, muros o sumergidas.

Las caleras son estructuras en las que se calienta la caliza en un horno hasta que se libera el CO_2, obteniendo la cal fundamental en la historia, a partir ya de 6000 a.C., para construcción (morteros de cal con arena), para blanqueo de paredes, para desinfección y para corrección en agricultura. La calera constaba de un horno para subir la temperatura hasta unos 900-1000°C que se solía operar durante días, después se cerraba dejando enfriar un par de días (cap.4.3.4.). A temperaturas intermedias se elimina el agua y se disocian los carbonatos. Los combustibles han sido la madera y el carbón de piedra, y en el s. XX se introducen combustibles líquidos o gaseosos.

Cerámica.

La materia prima, arcilla, se muele y con agua se le da estructura para conformar la pieza, a mano o en molde; después se cuece a temperatura habitualmente superior a los 900°C. El término alfarería suele referirse al significado más popular, mientras la cerámica se refiere más a arte, aunque también en ocasiones se consideran términos idénticos. La terracota se refiere a pieza de alfarero de arcilla modelada y endurecida al horno, el término loza se refiere a vajilla doméstica sometida a esmaltado, el vidriado se refiere al recubrimiento después de la primera cocción mediante una segunda cocción entre 600 y 1300°C. La porcelana es una cerámica habitualmente blanca, translúcida e impermeable, resistente al choque térmico y ataque químico, aunque frágil; el material principal es el caolín, con diversas variaciones desde el original chino hasta las pastas blandas y duras en Europa. El conocimiento de la evolución de la cerámica se ha utilizado en arqueología para datar yacimientos, siendo muy importante la introducción del torno del alfarero. Las piezas se pueden adornar tanto antes como después de la cocción.

b.7. Sector Agroalimentario.

Este es sin duda el sector con un periodo más largo en la historia, habiendo mantenido siempre un sentido bastante tradicional incluso hasta el presente. La conservación de alimentos fue un objetivo de los hombres desde la antigüedad. En la Prehistoria con el secado al aire libre para la carne de animales y las raíces, en la Edad Antigua introduciendo ingredientes como azúcar, miel, vinagre y aceite dando lugar a mermeladas, escabeches y encurtidos. La conservación por calor se asocia a la convocatoria de un premio organizado por Napoleón Bonaparte para alimentar a su ejército, y que ganó el maestro cocinero Nicolas Appert (1809), colocando el alimento en botella de vidrio, cerrada con corcho e introducida en agua hirviendo un tiempo. La primera patente con recipientes para preservar alimentos se debe a Peter Durand (1810), incorporándose de hojalata de la que se estableció la primera fábrica en Estados Unidos. Cuando se incluía $CaCl_2$ en el agua de cocción se pudo subir la temperatura a 115°C, y en 1875 se desarrolló el autoclave que al cerrar herméticamente podía aumentar la presión y la temperatura.

Posteriormente, incluyendo la contribución de Pasteur, se determinó la importancia de la pareja temperatura-tiempo para obtener una esterilización definida. El sector Agroalimentario es también uno de los sectores más diversos, en este contexto mencionaré aquí sólo un par de ellos, el lácteo y el sidrero, de gran importancia tradicional en Asturias.

Lácteos.

La leche es uno de los alimentos básicos del hombre. Globalmente la leche de vaca contiene cerca del 5% de azúcares, y algo más del 3% tanto de grasas como de proteínas, sales, y el resto agua cerca del 87%.

La mantequilla. Uno de los productos más antiguos e importantes en Asturias es la manteca (mantequilla) tradicional que contiene alrededor del 65% de materia grasa y 30% de agua, las grasas sobre todo triglicéridos (esteres de glicerol y ácidos grasos). Se obtiene del batido de la nata, ya desde tiempos bíblicos, en Europa a partir del s. VI inicialmente colocándola en bolsas (piel, después tela) y batido manual, y que ha sido la tradicional en caserías con bajas producciones hasta casi el presente. Al aumentar la cantidad se pasó a la agitación interna (mediante paletas), o externa (en barril que se hacía girar horizontalmente, y en ocasiones incluyendo simultáneamente agitación interna).

El queso. Se obtiene cuajando leche, retirando el suero (tradicionalmente decantando y filtrando) y tratando la cuajada frecuentemente por compresión y secado. Con leche de distintos orígenes (vaca, cabra, oveja…) contiene por ejemplo alrededor de 33% de lípidos, 23% de proteínas (la mayoría caseina), 3% de carbohidratos y 3% de sales (resto agua). El cuajado se realiza sobre todo con cuajo que contiene enzimas peptidasas que coagulan la caseína de la leche; el más conocido es de origen animal y se extrae del cuajar, una de las cavidades del estómago de rumiantes. Se dice que el queso se inventó al colocar leche en un recipiente de estómago de cordero. En segundo lugar, se encuentra el vegetal de la flor de cardo. También puede cuajarse con ácido (para quesos frescos), con muchas variedades, incluyendo la formación del ácido por fermentación adicional. Se obtienen así una multitud de variedades de quesos, frescos, cremosos, curados, pasta hilada, azules…etc, con diferente impacto ambiental (Laca A., 2018). Los azules como el Cabrales se maduran desarrollándose el hongo *Penicillium,* habitualmente unos 3 meses en cuevas.

Otros productos lácteos con importancia ya a partir de mediados del s. XIX, sobre todo con el objetivo de su conservación, especialmente en Cantabria fueron: i) *La leche condensada* que se obtiene eliminando agua por evaporación a vacío y añadiendo azúcar hasta el 30% o superior (en la leche en polvo actual se deshidrata sin añadir azúcar). ii) **Harinas lacteadas,**

inicialmente con composición aproximada de 35% de leche 47% de harina tostada y 20% de azúcar, a partir de la propuesta del suizo Henri Nestlé (1814-1890), origen de las leches para niños, y de la mayor compañía agroalimentaria mundial (Boatella J., 2013).

Sidra.

El conocimiento muy antiguo, seguramente de milenios en la región, incluye el cultivo de manzanos, trituración y prensado de la manzana, la fermentación del mosto y su conservación. El proceso de fermentación sufrió un avance tecnológico importante en el s. XIX, en particular por Pasteur estudiando la cerveza. Unos valores iniciales de la materia prima pueden ser 10% de carbohidratos (mitad mono y disacáridos y mitad otros incluyendo celulosa), ácido málico 5%, vitaminas y minerales 4%, pectina 1% (la mayoría cadenas lineales de D-galacturónico) además de polifenoles, taninos y proteínas. La fermentación principal se realiza por levaduras, en una primera etapa por especies como *Hanseniaspora uvarum* o *Kloeckera apibulata*; en una segunda etapa en que se forma el etanol principalmente son substituidas por *Saccharomyces*, como *S. cerevisiae* y *S. bayanus*. A continuación, suele la realizarse la transformación de ácido málico (y azúcares) en ácido láctico, por fermentación con bacterias acidolácticas (BAL) como *Leuconostoc oenos* heterofermentativo (Herrero M., 1999). Resulta también muy importante la realización de operaciones de separación sólido/líquido (como los trasiegos).

b.8. Preparándose para el s. XX.

Se incluyen aquí algunos sectores de los que se tenían conocimientos de operaciones artesanales, como es el caso del papel y las pinturas, mientras en el caso del aluminio, no se conocía aún el producto en el s. XIX (w[3].ub).

Inicios de la electricidad.

Se han mencionado ya una serie de etapas. Benjamín Franklin mostró las características del relámpago como electricidad descubriendo el pararrayos en 1752 y la teoría del movimiento entre cargas positivas. Alessandro Volta en 1800 construyó la pila voltaica, Michael Faraday (1791-1867) demostró en 1831 que se generaba corriente eléctrica en un cable situado en campo magnético variable, Maxwell en 1865 interpretó simultáneamente los fenómenos eléctrico y magnético, Thomas Edison en 1879 inventó la lámpara incandescente para iluminación, Nikola Tesla diseñó el suministro de corriente alterna.

Pinturas y recubrimientos.

Se pueden considerar algunos antecedentes históricos de las pinturas en los barnices, de soluciones de resinas, incluso en el Egipto antiguo, en Europa de pino en aceite de linaza, en particular para maderas. Se conoce el litargirio (PbO) rojo, ya desde el s. XV al menos, y por supuesto el amplio uso de la cal en las construcciones desde antiguo (w^3.qc).

El enfoque actual de las pinturas y recubrimientos suele ser que precisan: un aglutinante o ligante con frecuencia oleoso, que puede formar una capa continua, y también englobar el segundo componente, los pigmentos (los minerales naturales y los orgánicos artificiales) que debe tener un adecuado poder de cubrición y estabilidad, y en tercer lugar los aditivos (humectantes, dispersantes, adherentes, secantes (en cantidades inferiores al 5%). La preparación suele realizarse mediante la dispersión y homogeneización de componentes, por supuesto cuidando las etapas inherentes a la preparación y limpieza.

Aluminio.

El alumbre es un sulfato hidratado de aluminio y potasio conocido desde la cultura mesopotámica con diversos usos, tintes, curtidos, cosméticos, medicamentos y en la industria de vidrio. Se podía obtener de la roca alunita por disolución con agua caliente y precipitación posterior. A partir del alumbre se obtenía alúmina ($A_{12}O_3$) ya conocida en el s. XVIII. El alumbre fue substituido por la lixiviación de pizarras con H_2SO_4, y a partir de bauxita (descubierta en 1821) por extracción con NaOH en 1888. El aluminio dejó de ser metal precioso a partir de la patente de electrolisis de alúmina en criolita fundida de 1886, de Charles Hall y Paul Heroult.

Papel.

El papel se prepara con fibras vegetales suspendidas en agua, secadas y endurecidas. Hay varios antecedentes históricos como el papiro egipcio, o mezclas de tela, paja de arroz o la extracción de fibras de vegetales parece que en China. En Europa el primer documento fue en 1109 en España, en el s. XIII se perfeccionan los mazos de trituración y se substituye la cola de almidón por animal en los molinos papeleros donde se fabricaba. La llegada de la imprenta requirió mayor cantidad de papel y avances técnicos, en particular en 1670 la máquina refinadora del cilindro o pila holandesa, que no llega a España hasta el s. XVIII. Aunque hay algunas indicaciones de otro antecedente, parece que el primer impresor en Oviedo fue, de forma ambulante, Agustín de Paz a mediados del s. XVI, aunque la imprenta no se asentó definitivamente en Oviedo hasta 1680 (w3.ya). Joaquín Ibarra fue un un impresor referencia en el s. XVIII en España (w³.vc). Alrededor de 1840 se inventa la pasta mecánica separando las fibras de los troncos descortezados y cortados mediante una muela giratoria, facilitado por la adición de agua que también refrigera. En los métodos de pasta química, en particular en el Kraft (Pola L., 2022), las astillas se cuecen a unos 150-200°C para disolver la lignina y liberar las fibras que se criban, lavan, blanquean (con peróxido y ozono) y secan, quedando un licor negro con la lignina que suele quemarse, y reutilizando o regenerando los reactivos. Para ver las mejores tecnologías disponibles (MTD) actuales, para la elaboración de muchos productos en la actualidad pueden consultarse las «BREF» (w³.qb).

2.
ASTURIAS. LA FORMACIÓN
HASTA FINALES DEL S. XIX

> *...me esfuerzo en embriagar a otros con el viejo vino de las antiguas disciplinas; comienzo a alimentar a otros con los primeros frutos de las sutilezas gramaticales; intento hacer comprender a algunos el curso de los astros.*
>
> Alcuino de York *escrito a Carlomagno (w³.nb, ref.27)*

2.1. La Universidad hasta principios del s. XIX

> *Conviniera mucho al Público, que en cada Universidad hubiese un Visitador, o Examinador, ... Con este arbitrio habría más gente en la República para ejercer la Artes Mecánicas, y las Ciencias abundarían de más floridos Profesores;...*
>
> (Fray Benito Feijoo, *«Teatro crítico universal»*, VIII ; III)

La cultura, sobre todo la de tipo experimental, pasó un periodo de actividad reducida hasta el s. XVI en toda Europa. Los recuerdos de la época griega y romana sólo llegaron por algunas traducciones. La teología, las leyes y las cuestiones militares eran los conocimientos que se requerían. Las universidades europeas, surgidas a partir del s. XII, siguieron de forma apreciable esos requerimientos. El Renacimiento italiano contribuyó como un revulsivo para el estudio de otras disciplinas, que se extendió por Europa y que fue lento en España.

En el s. XVI comenzó a haber interés en la Astronomía, en parte ligado a la navegación, desarrollándose también conocimientos matemáticos; la facilidad para analizar el cuerpo daba un vuelco en el conocimiento médico, y empezó a haber interés por nuevas máquinas. En el s. XVII se apoya el desarrollo científico en Europa por las monarquías y la sociedad, creándose las Academias Científicas y con figuras como Newton en la segunda mitad. El consumo de energía no había cambiado prácticamente en 15 siglos, siendo importante el uso de animales o el uso de carbón vegetal. A mediados del s. XVIII la introducción de carbón mineral y la máquina de vapor multiplica el consumo de energía y sus aplicaciones; la mejoría económica y la comunicación global lanzan la ciencia e ingeniería en el s. XIX.

Hasta el s. XVII la escasa formación en Asturias se reducía a la impartida por las órdenes religiosas y de apoyo episcopal. Así, existían cuatro escuelas de latinidad (una de jesuitas), una Cátedra de Moral (en convento de dominicos), el colegio San Pedro de los Verdes y el Colegio San Gregorio. La formación se constreñía a latín, gramática, teología y filosofía. Muy pocas personas avanzaban después en universidades foráneas, y era por ello difícil encontrar personas relevantes en niveles elevados en Asturias.

La Universidad de Oviedo cuenta para su historia con el gran trabajo de Fermín Canella Secades (1849-1924), encargado por el rector León Salmeán de cumplir con la circular de 1867 de la Dirección General de Instrucción Pública para que remitiesen información del origen y fundación de las universidades españolas. En 1873 sale una primera edición, que es ampliada en otra de 1903 que se considera la versión definitiva (Canella F., 1903). El fundador de la Universidad de Oviedo fue Fernando de Valdés Salas.

Fermín Canella y portada de su Historia de la Universidad de Oviedo (ed. de 1903)

Fernando de Valdés Salas (Salas,1483-1568) fue Obispo, Inquisidor General, presidente del Consejo de Castilla y autor de uno de los más famosos «*Índices de libros prohibidos.*», dejando a su muerte fondos para crear la Universidad de Oviedo. Sus albaceas recabaron Bula fundacional que expidió el papa Gregorio XIII el año 1564. En 1572 se había construido el edificio, pero se retrasó su incorporación debido a los procedimientos testamentarios, a la consideración de que había muchas universidades, disputas para que no la gestionasen los jesuitas o la discusión sobre los contenidos. El Cabildo, el Ayuntamiento de Oviedo y la Junta General del Principado disputaron junto con los familiares del clérigo.

Finalmente, en 1604 fue aprobada mediante una Real Pragmática suscrita por el rey Felipe III, los Estatutos se aprobaron en 1607, y se celebró la apertura el 21 de septiembre de 1608 siendo Alonso Marañón de Espinosa el rector interino. Las Cátedras, que eran por cuatro años, y agrupadas por Facultades, fueron Teología, Cánones, Leyes, Artes, Música y Canto eclesiástico, Metafísica, Física y se propuso Matemáticas por su interés para la navegación, aunque se suprimió después al considerar que no lo era. Fueron ocupadas por canónigos, miembros de órdenes religiosas y otros doctores, y se expedían títulos de Bachiller, Licenciado y Doctor.

Se requerían cuatro años para alcanzar una licenciatura, soliendo bastar asistir a clase para aprobar. En la Facultad de Artes se incluía Filosofía y Matemáticas, siendo secundaria en relación con las de Teología, la de Cánones y la de Leyes (las dos últimas se unieron), dado que se aspiraba habitualmente a ser teólogo o jurista. Aún con muchas disputas y problemas económicos animó la vida en la ciudad, celebrándose muchos actos académicos, reconociendo logros y actividades, internas y fuera de la universidad (Uría J., 2008).

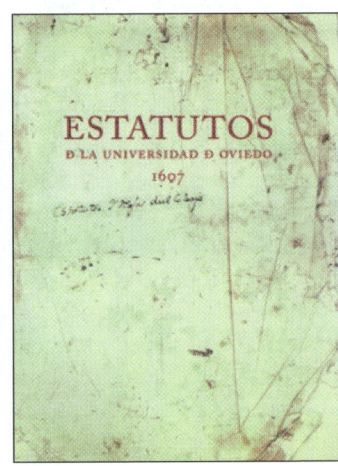

Fernando Valdés   Los primeros Estatutos son de 1607

En 1707 se aprueban los Estatutos Nuevos que sustituyen a los de 1607. En 1709 llega a Oviedo el Padre Feijoo que removió los cimientos de la conexión exterior de la universidad. En 1765 se creó en la Universidad una Academia para canonistas y civilistas de gran prestigio. En 1770 se abre la nueva Biblioteca de la Universidad, gracias al apoyo de la Junta General y de Pedro Rodríguez Campomanes (1723-1802). Campomanes estudió en Tuña, en Oviedo y Madrid, leyó a Spinoza y David Hume, fue biógrafo de Feijoo y ministro de Hacienda en 1760 con Carlos III. Promovió la reforma universitaria apoyando matemáticas y física, fue amigo de Jovellanos y promotor de la Real Sociedad Económica de Madrid. Publicó en 1774 *Discurso sobre el fomento de la industria popular*. En 1774 se actualiza el plan de estudios con nuevos métodos y libros a utilizar. En 1786 se creó la Facultad de Medicina por una dotación episcopal, pero fue suprimida por motivos económicos en 1806.

Padre Feijoo   Pedro Rodríguez Campomanes

Fray Benito Jerónimo Feijoo y Montenegro (Orense 1676-1764 Oviedo), fue monje benedictino y ganó una cátedra de Teología en 1709 en Oviedo, donde se constituyó como una referencia ensayística para toda España, siendo sus libros más conocidos el *Teatro crítico universal* y las *Cartas eruditas y curiosas*. Entre otras consideraciones fue seguidor de Francis Bacon (autor de *Novum Organum* 1629), y menciona además en sus escritos a autores como Isaac Newton, René Descartes, Robert Boyle o John Locke. Manifestaba que la enseñanza tenía mucha teología moral y jurisprudencia y que se precisaba más literatura, matemáticas, astronomía, medicina, botánica, óptica junto con los métodos de las ciencias de la naturaleza, en forma de artes liberales y mecánicas, porque podían mejorar la vida humana. Feijoo, como Asturias en general, apoyó la causa borbónica esperando que la conexión con Francia podría mejorar las perspectivas. Asimismo, planteó substituir los dictados por un libro de texto para cada asignatura, señalando el mal de la ciencia española con profesores engreídos e ignorantes perdurables (w^3.na). Tenía un concepto restrictivo y selectivo de la universidad (planteaba un examinador externo), recogido en los Estatutos de 1774. Propuso así introducir estudios de Astronomía, Física, Historia Natural y Botánica, con poco éxito, y promovía la creación de Academias científicas al estilo de la de Paris. Fue importante para la dotación económica de 1733, con ayuda de la Junta General del Principado, que permitió disponer de equipos de astronomía, y también para restablecer la cátedra de Matemáticas, sometida a largos litigios.

En el s. XVII se tienen las cuatro facultades Teología, Cánones, Leyes y Artes con cuatro o cinco cátedras en cada una. En las de Cánones y Teología la enseñanza se realizaba por religiosos (canónigos, dominicos y benedictinos en disputa), así como en bastante grado en la de Artes (bajo mirada externa), y por seglares en la Facultad de Leyes con más Derecho Romano que Leyes del Reino. En la Facultad de Artes, heredera de los estudios de Trívium y Quadrivium (aritmética, geometría, astronomía y música) se incluían las cátedras de Súmulas (de alta jerarquía), Canto, Filosofía, Lógica y Matemáticas. La importancia de las Matemáticas estaba creciendo en España haciéndose mucho menos en Oviedo, lo que se manifestaba en los salarios de los profesores.

Después del primer rector nombrado por los testamentarios, la elección del rector, que aunaba jurisdicción civil y eclesiástica, generó frecuentemente problemas, por ser clave en la provisión de cátedras. El rector visitaba las cátedras cada dos meses para seguir lo que se enseñaba. En los Nuevos Estatutos de 1707 aprobados por Felipe V, se fijó en dos años la duración del rector. El Claustro, formado por doctores y maestros, se reunía por convocatoria del rector con asistencia obligatoria.

Los alumnos, para matricularse, debían presentar una cédula de Gramática donde el examinador les consideraba hábiles y suficientemente preparados para pasar a la Facultad. Las cátedras eran cuatrienales y la provisión seguía las normas de la Universidad de Salamanca, parece correspondía a estudiantes con ciertas condiciones, como que el número en la Facultad fuese mayor de 50, y en otro caso correspondía al Claustro. Los catedráticos debían impartir la docencia presencialmente y la asistencia la controlaba el bedel. Había la figura de Lector extraordinario, especie de aspirante a catedrático. Un día a la semana se dedicaba a repaso, no había exámenes, los alumnos, que solían costearse los estudios sirviendo en casas de nobles o eclesiásticos, pasaban por asistencia, aunque había eventos o disputas donde se demostraban las habilidades dialécticas (Estrada G., 1939). La Facultad con más alumnos era la de Letras preparatoria para las otras, con alrededor de 90 alumnos, las de Leyes y Teología tenían alrededor de 15, aunque fue evolucionando.

La necesidad de incluir estudios de Medicina, ante una situación en que los médicos más conocidos eran foráneos, se fomentó a principios del s. XVIII. Al médico francés Domingo Abadie, se le impidió diseccionar un cadáver salvo mandato por la Justicia y pidió al Consejo de Castilla crear una Academia de Anatomía y Cirugía que no llegó a funcionar. Nicolás Rivera en 1781 solicitó crear dos cátedras de Medicina y Anatomía que no pudieron crearse hasta que el obispo Agustín González consignó una cantidad inicial que después apoyó la Diputación y se dio luz verde en 1786, aunque por corto tiempo. En 1800 una Real Orden suprimía la enseñanza de medicina en todas las universidades, quedando reservada a los Reales Colegios. Citemos aquí a un médico el doctor Manuel María Reconco que fue introductor de la vacuna en Asturias.

Las reformas emprendidas en el periodo de Carlos III no fueron continuadas por Carlos IV y su ministro Godoy, ante los focos de agitación y el temor a que la entrada de libros franceses generase la crisis del reformismo.

2.2. Otros organismos de promoción del conocimiento

La ciencia es sin disputa el mejor, el más brillante adorno del hombre
Gaspar Melchor de Jovellanos *(1744-1811)*

a) La Real Sociedad Económica de Amigos del Pais de Asturias

Uno de los principales promotores de las Sociedades Económicas de Amigos del Pais, como se ha señalado, fue Campomanes. Su objetivo fundamental era el intercambio de conocimientos, difundiendo las innovaciones científicas extranjeras para promover la instrucción y mejorar las fuentes de riqueza para el proceso de industrialización hispano. Algunas actividades que plantearon eran el asesoramiento al Gobierno en campos como la agricultura, industria, navegación, montepíos, publicaciones, concursos y propagación de las enseñanzas técnicas y profesionales.

Con un primer intento en 1775, la de Asturias (RSEA) se crea en 1780 con el apoyo de Campomanes, después de una investigación sobre canteras y carbón en el Principado. En discursos en la Sociedad en 1782 Jovellanos promueve la necesidad de centros de estudio y del desarrollo agrícola, industrial y comercial, precisándose fábricas y requiriéndose formar técnicos en el extranjero. Con grandes objetivos, las actuaciones no lo fueron tanto, abarcando actividades de atención diversa, con un número reducido de publicaciones. Un ejemplo son los Discursos de Joaquín José Queipo de Llano en la Real Sociedad de Oviedo en los años de 1781 y 1783 (Queipo de LLano J.J., (1781,1785).

Jovellanos

Primera sede Instituto Jovellanos

En 1802 se crea la Escuela de Dibujo que se transforma en la Academia de Bellas Artes de San Salvador de Oviedo, y la Escuela de Música en 1883, origen del Conservatorio. Ya en 1832 se funda una cátedra de matemáticas en la que enseñó León Salmeán, después catedrático de Química, de Física y de Historia Natural.

b) El Real Instituto de Náutica y Mineralogía (RINM)

Su creación fue solicitada por Jovellanos al rey Carlos IV en 1789. El interés era formar pilotos y mineros que requería el país para los dos pilares de la economía, incorporando la formación científica y técnica. Se aprueban las medidas como Real Instituto Asturiano en 1792 y se comienzan las clases en 1794. En Mineralogía se incorporaban elementos de Química y Física y la creación de un Gabinete mineralógico y laboratorio de Química. Se impartían clases de Matemáticas, Física, Química, Mineralogía, Náutica, Dibujo y Lenguas modernas. A los mejores alumnos se pretendía enviarlos a aprender fuera de Asturias. En 1803 se redujo su alcance a simple Escuela de Náutica. La historia del actual Instituto Jovellanos pasa por la colocación de la primera piedra del edificio en 1797 que se termina en 1807, sufriendo después muchos cambios, entre otros, Instituto Nacional en 1820, en 1856 Escuela Profesional de Industrias, en 1862 Escuela Especial de Nautica y Aplicación al Comercio y la Industria, hasta el nombre actual de 1865 (w³.xa) .

Gaspar Melchor de Jovellanos (1744-1811) fue ministro de Gracia y Justicia ocho meses en 1797. Escribió en campos muy amplios, promoviendo la enseñanza de ciencias naturales y experimentales, útiles para fomentar explotaciones mineras e industriales. Entre otras muchas contribuciones, el 6 de mayo de 1782 en la RSEA proponía la necesidad del estudio de las ciencias naturales y enviar estudiantes al seminario de Vergara y a Europa.

2.3. La Universidad en el s. XIX

> *Transformar el mundo lo más posible en la propia*
> *persona es, en el sentido más elevado de la palabra,*
> *vivir.*
> Wilhelm von Humboldt *(1767-1835)*
> Modelo humboldtiano de educación superior (w^3.pa)

En 1787, Jacinto Díaz de Miranda chantre de la Universidad manifestaba que además de cátedras de Matemáticas, Anatomía y Medicina, convendría establecer Física Experimental, Química y Botánica. Pero aún en 1812 la única disciplina científica era la de Matemáticas (dotada en 1737 y que incluía Astronomía) que llevaba Luis Antonio Arango. En el último tercio del s. XVIII se pasa de cátedras renovadas cada cuatro años, a ser cubiertas de forma vitalicia por oposición libre.

La paralización de la universidad entre 1808 y 1812 fue seguida de un periodo de supresión de la cátedra de Matemáticas por acusaciones de liberalismo, hasta 1821 en que se recupera y añade la de Física. En 1832 la Sociedad Económica de Amigos del País tenía cátedras experimentales industriales que dependían del Conservatorio de Artes. Tenía enseñanza de Ciencias útiles para el desarrollo industrial asturiano, de Estudios primarios, Veterinaria, Agricultura y superiores de Economía y Ciencias

En 1836, a partir del Plan General de Estudios Reformista del Duque de Rivas, se indujo en la Universidad la promoción de áreas de Matemáticas y Física, y no teniendo profesorado, se reunió con la Sociedad Económica de Amigos del Pais, y determinaron que los catedráticos de Matemáticas, Dibujo, Química y Economía Política se integraban transitoriamente en la Universidad, dirigiéndolas la Sociedad, pagando el traslado la Universidad así como gastos para experimentos adicionales y con doble matrícula para alumnos de la Sociedad y la Universidad. Todas las cátedras estaban en la Facultad de Artes.

En 1841 la Facultad de Artes se sustituye por Filosofía para estudios superiores, y los estudios de Artes se integran en los Institutos. En 1845 la Ley Pidal facultaba a la Universidad de Oviedo poder impartir estudios de Filosofía, Jurisprudencia y Teología. La Facultad de Filosofía tenía un primer ciclo tipo bachillerato y el superior con dos secciones, Letras y Ciencias. Posteriormente mediante una modificación de la ley (de Pastor Díaz) se crean cuatro secciones, por un lado Literatura y Filosofía, y por otro Ciencias Fisicomatemáticas y Ciencias Naturales. En esta época comenzaron a organizarse el Gabinete de Historia Natural de la Universidad y el Jardín Botánico. Al existir el Jardín Botánico, al catedrático de Historia Natural se le asignaba su dirección, fue el caso de León Salmeán, primer decano de la Facultad de Ciencias (1857), y sus sucesores fueron Ildefonso Zubía y Amalio Maestre (Arribas S., 1984).

La vida del Jardín Botánico puede estimarse entre 1846 y 1871, creándose con el apoyo de la Sociedad Económica de Amigos del País. El *Gabinete de Historia Natural* se creó también en 1846 complementando las de *Física y Química* que se habían creado recientemente. El ovetense Máximo Fuertes Acevedo, como profesor de la Universidad de Oviedo, colaboró con Salmeán en 1857 para la creación del *Gabinete y Observatorio Meteorológico*, después trabajó en varios Institutos, habiendo publicado varios libros de texto, como el *Curso de Física elemental y Nociones de Química* en 1879.

Con la Ley Moyano (1857) se unen esas dos secciones de Ciencias (Fisico-matemáticas y Naturales) en una Facultad de Ciencias independiente (Matemáticas, Física, Química y Ciencias Naturales), incorporándose algunos equipos procedentes del Instituto de Jovellanos. En esta época se puede señalar al botánico Luis Pérez Mínguez que fue autor de varios libros de texto de historia y ciencias naturales para la Escuela Normal de Magisterio e Institutos de Segunda Enseñanza, en los que se incorporó en 1860.

Pero....en 1860 la Facultad fue abolida, termina su primera época, parece que debido al escaso número de alumnos. Los profesores pasaron a los Institutos de Enseñanza Media (en los que también se dispersó el material) o a otras universidades. La formación en los Institutos era de considerable nivel y el paso de profesores entre estos y la Universidad resultaban frecuentes. La ley Pidal distinguía tres clases de institutos, el de clase 3 era el superior. El de Oviedo de esta clase 3 impartía materias como Matemáticas, Algebra, Geometría, Física y Química e Historia Natural, por lo que representó la continuidad de estas materias en la región. La decadencia era general y en 1867 la Universidad de Oviedo sólo conservaba las enseñanzas de Derecho Civil y Notariado (Martínez J.L, 1978).

Se abre así un periodo de más de 30 años prácticamente sin actividad científica, incluso los temas científicos apenas aparecían en el contexto universitario, y resulta penoso además por ser una época de un tremendo despegue de la ciencia como se ha visto en el apartado 1.1 de este manuscrito.

Y...en 1895 se restaura la Facultad de Ciencias (segunda época) con el impulso del senador y rector Félix Pío Aramburu y del diputado Melquiades

Alvarez, ambos catedráticos de la Universidad, y con el apoyo económico a mitades de la Diputación Provincial y el Ayuntamiento de Oviedo, «dada la importancia para la industria hullera y siderúrgica». Así, al principio se impartían dos primeros cursos comunes a las licenciaturas de Ciencias y a la preparación para ingreso en Escuelas de Ingeniería y de Arquitectura (y preparatorio de Medicina y Farmacia) (Arribas S., 1984) .

La Facultad adquiere carácter estatal en 1904. Algunas cátedras se cubren interinamente por catedráticos de Instituto, después por concurso oposición. En 1900 se suprimían los libros de texto dejando libertad docente a los catedráticos. Aparecieron como asignaturas Análisis Matemático, Geometría Analítica, Cosmografía, Física, Química General, Dibujo Lineal y Topográfico, Zoología, Mineralogía y Botánica (Martínez J.L, 1978). Así, por ejemplo, se encargó interinamente a Elías Gimeno y Brun como catedrático de Historia natural, y en 1899 pasó a ser catedrático por oposición José Rioja Martín, autor de varios trabajos de Zoología y más tarde director de la Estación Marítima de Santander. El observatorio meteorológico de la Torre de la Universidad fue dirigido por varios catedráticos de Física, pasando a depender posteriormente del Astronómico y Meteorológico de Madrid.

A finales del s. XIX en las Universidades españolas podía haber hasta cinco Facultades: Filosofía y Letras, Derecho, Ciencias, Farmacia y Medicina. La de Ciencias podía abarcar hasta tres Secciones, las de Exactas, Físicas y Naturales como era el caso de Madrid que tenía la categoría de Universidad Central. Había una distribución en distritos universitarios, procedente de la ley Moyano (o Ley de Instrucción Pública de 1857), en el que Oviedo incluía la provincia de León. A partir de 1900, durante las primeras tres décadas del s. XX, la Universidad de Oviedo creció de forma continua, asentándose las cátedras en forma análoga a otras universidades españolas.

Oviedo 1867 (foto Jean Laurent)

Oviedo 1879, *El Carbayón* (w³.uc)

2.4. Formación técnica

Mis esperanzas nacen de mi convencimiento
fundado en razones científicas
Isaac Peral *(1851-1895)*

Jovellanos en la Sociedad Económica de Amigos del País (de la que fue presidente en 1782) indicaba en 1781, como se ha dicho, que para promover la felicidad del Principado convendría promover estudios de ciencias útiles como Matemáticas, Historia Natural, Física, Química, Mineralogía, Metalurgia y Economía Civil. El Real Instituto Jovellanos, aprobado por R.O de 15.12.1793, pretendía atender a toda la gente «acomodada» que no siguiera como profesional en la Iglesia o la Magistratura. Era una institución independiente de la Universidad y tampoco tiene equivalente en los Centros de Segunda Enseñanza, que a mediados del s. XIX se llamaron Institutos. Se ha señalado por algunos que en cierto sentido tiene analogía con las Escuelas Técnicas del s. XX, también que sería un antecedente de las Facultades de Ciencias actuales.

En Asturias, con una potente industria en la segunda mitad del s. XIX, fue muy importante el desarrollo de la «Formación en Artes y Oficios« absolutamente en paralelo, separado de la evolución de la universidad.

Con la Ley Moyano de 1857 la enseñanza elemental dejó de estar vinculada a la ingeniería, extinguiéndose las enseñanzas profesionales, las Escuelas Superiores Industriales desaparecieron, entre ellas la de Gijón en 1860. En 1867 desapareció el Real Instituto Industrial de Madrid, y la denominada Escuela de Ingenieros Industriales de Barcelona se mantuvo a partir de 1865 con el apoyo del Ayuntamiento, Diputación y Estado (en 1899 se abrirá la de Bilbao). En 1886 se potencia la Escuela de Artes y Oficios de Madrid como Central, y se crean otras siete Escuelas de Artes y Oficios (también denominadas «Superiores») entre ellas la de Gijón. En un R.D. de 1901 las enseñanzas industriales se diferencian en elementales (Práctico Industrial), y las Escuelas Superiores de Industrias (antiguas de Artes y Oficios) para formar Peritos, nueve, entre ellas la de Gijón. Estas daban derecho al ejercicio profesional, y a matricularse en las Escuelas Superiores de Ingenieros Industriales (Barcelona, Bilbao y la de Madrid denominada Central). Una R.O. de 1903 determina las atribuciones de los peritos industriales y se modifica muy posteriormente con la ley Omnibus de la UE, traspuesta en nuestro país en el año 2006.

Así que, a partir de los inicios del s. XX, además de las Facultades y las Escuelas Normales (magisterio), estaban las Escuelas Superiores Profesionales (Ingenieros Industriales, Veterinaria, Náutica, Comercio,

Notariado, Diplomacia), y además las Escuelas Especiales, con un buen nivel científico como eran las Ingenierías de Minas, Caminos Canales y Puertos, Agrícolas, Montes y Ayudantes de Obras Públicas.

3.
LA CIENCIA ASTURIANA

La contemplación de la naturaleza ha llegado a convencerme de que nada de lo que podamos imaginarnos es increíble
Plinio el Viejo *(23-79)*

En el contexto de este documento haré mención de algunos representantes de los siglos XVIII y XIX, precedido por una breve descripción de la situación social. En el s. XVIII los temas de trabajo son sobre todo de estudio del entorno natural, con algunos apartados médicos e incluso matemáticos relacionados con enfoques algo más recientes. En el s. XIX se sigue con temas análogos con más aportes en materia geológica, mostrándose en otros temas un gran retraso respecto al gran empuje de la ciencia de este siglo como se ha mostrado en el capítulo 1.2.a.

3.1. La situación anterior

Todo lo vence el trabajo rudo y la necesidad aguijoneada por las adversidades
Virgilio *(70 a.C.-19 a.C.)*

La Asturias previa al carbón evolucionaba lentamente. Se basaba en la agricultura y la ganadería, en realidad en zonas no influidas por el desarrollo industrial estas pervivieron hasta el s. XX (Fernández V., 2002) . La producción agraria buscaba el autoabastecimiento de la población con tres apoyos. Uno era la disponibilidad de productos que se procura se mantenga a lo largo del año, otro es el apoyo mutuo de poblaciones muy próximas relacionado usualmente con razones de familiaridad, otro es la existencia de ferias y mercados que hace florecer sus sedes, existiendo una importante actividad de trueque. Los focos de las ciudades son el administrativo y religioso, que suelen coincidir, y la localización suele ser en zonas de protección, cruces de caminos y puertos (Tuero F., 1977).

El tamaño, distribución de la población y la organización social tienen, por supuesto, también un efecto importante en las personas. En el censo de 1797, Asturias, con unos 360 000 habitantes (360k) tiene 3569 poblaciones de realengo, y 400 de señorío con el 9,6% de población y unas 6800 casas útiles frente a 64 800 en las de realengo. Comparativa y aproximadamente la población de Madrid era de unos 300k, París 750k, Berlín 270k, Londres 860k, Buenos Aires 40k. Muchas de las ciudades europeas multiplican en el siglo XIX su población cerca de 7 veces.

La conexión exterior de una región es muy importante para el crecimiento cultural y económico; la conexión para Asturias ha representado siempre un objetivo a lograr, y sigue siéndolo aún hoy día. Había numerosos pasos a la meseta, cegados por nieve en invierno y con retenciones a veces de semanas. Reinosa y Orduña se adelantaron en la salida de la meseta al Cantábrico. El paso de Pajares se franqueó en el s. XVI. El puerto de la Mesa parece que podía franquearse con carro, el puerto Ventana era frecuentado en el s. XVIII. Comercialmente, Asturias podía ofrecer hacia la meseta pescado, avellanas, alubias, ganado, manteca o incluso limones; traía de la meseta trigo, lana, lino, vino y aceite. Los problemas de los caminos interiores, en particular de puentes, eran evidentes. En estas condiciones, los conocimientos disponibles respondían esencialmente a la supervivencia.

3. 2. Científicos hasta finales del siglo XVIII

La tarea de la ciencia natural no consiste en aceptar simplemente cosas relatadas, sino en investigar las causas de los sucesos naturales
San Alberto Magno *(1193/1206-1280)*

En el s. XVIII, en particular durante el reinado de Carlos III (1759-88) se realizó en España un esfuerzo de potenciar la ciencia, buscando aprovechar los recursos y mejorar las máquinas e instrumentos. A partir de entonces se crearon Sociedades Económicas, Academias de Ciencias, Gabinetes de historia natural, Botánicos y Laboratorios de Física y Química. En Asturias el aislamiento representaba una dificultad adicional, pero en la segunda mitad de siglo hubo un crecimiento importante que algunos denominan Ilustración Asturiana, apoyada por la figura de Fray Benito Feijoo en la Universidad de

Oviedo, en cuya celda conventual parece que se presentó el primer microscopio (Tuero F., 1977).

El interés de los países europeos más avanzados por el abastecimiento de recursos minerales contribuyó también a cambiar una atonía de siglos en el terreno cultural. Comentaré a continuación algunas referencias de diversas personalidades asignadas a un área científica de interés, aunque su contribución con frecuencia se aplicó en más de una. Quedan por supuesto, las posibles injustificadas ausencias, por error (en cuyo caso agradecería cualquier indicación) o por no aparecer sustanciadas en la bibliografía como contribuciones de interés debido a la poca transparencia en la información de hace dos siglos.

3.2.1. Mineralogía

Podemos mencionar en primer lugar a Joaquín José Queipo de Llano y Valdés, V Conde de Toreno (1727-1796), personaje de la Ilustración y precursor de los estudios de Historia Natural. Hizo un buen catálogo de minerales y lugares donde se localizaban los recursos, mármol, caolín, cuarzo y metales como hierro, plomo, cobre y antimonio (w[3].oc) . Sirvió para los aprovechamientos mineros posteriores y llegó a plantear proyectos para el aprovechamiento industrial.

También se puede mencionar a Fray Iñigo Buenaga que realizó un estudio de minerales, mostrando también algunos fósiles en su trabajo de 1772 y así como de canteras de amianto, de jaspe, mármol, sulfuros y de carbón (en Rengos y Caboalles).

El gerundense Gaspar Casal (1680-1759), más conocido por sus trabajos médicos como luego se indicará, también había trabajado con anterioridad en la clasificación de minerales, en el estudio del ámbar succino (resina

Joaquin José Queipo de Llano
V conde de Toreno

Joseph Townsend

fosilizada de origen vegetal) que son macromoléculas de diterpenos y trienos polimerizados que se descomponen a unos 200°C. Además, puede señalarse su interés en el conocimiento de las aguas de la región.

Conviene aquí comentar la contribución del clérigo inglés Joseph Townsend (1739-1816) miembro también del cuerpo docente de la Universidad de Cambridge que hizo un viaje por España en 1786 y 1787, como en el caso de otros ilustrados ingleses promovido por la Royal Society, y que estuvo en Asturias del 3 de agosto al 3 de octubre de 1786. Entre sus mayores contribuciones en ese corto periodo de tiempo deben señalarse los de mineralogía de la región (calizas, mármol, carbón…) específicamente yesos (en Oviedo), azabaches (en Villaviciosa y Piloña) y ámbar (entre Nava e Infiesto), las de aguas termales de Las Caldas de Priorio y otros geomorfológicos como el arrecife de Perán (Gutiérrez-Claverol M., 2010). Del azabache, asturiano, informa que se trabajaba ya en Asturias en el s. XIII, habiendo crecido después llegando a tener una Cofradía en Quintueles en 1604. También señalaba que la sidra inglesa era superior a la asturiana.

Hidroterapia. Se estudiaron por Juan Nepomuceno Consul (w³.va) las aguas ferruginosas en Luanco y las Caldas de Priorio. Las de las Caldas también aparecen mencionadas en 1695 por el P. Carballo. Casi un siglo después, aparecen los informes de 1765 de G. Casal que aporta datos analíticos de 1722, y también de Gómez Bedoya, que contribuyeron a la instalación del balneario.

Minas de carbón. Se refiere como primera mención de minas de carbón en Asturias la de Arancés en Castrillón descubierta por Fray Agustín Montero a principios del s. XVII, y en 1737 se descubre por casualidad carbón en el subsuelo asturiano, por lo que el gobierno de Carlos III pidió la realización de un estudio que comprobó su existencia en Valdesoto y Langreo. En esta época, de necesidad de carbón a nivel europeo para su uso en la máquina de vapor, se generó gran interés por su obtención, tema en el que como se ha dicho Jovellanos contribuyó a su promoción mediante sus comunicaciones de 1789 y 1790.

3.2.2. Agronomía y Botánica

Francisco Cónsul Jove (1754-1810), médico y físico, puede considerarse adelantado de los aspectos de Agronomía estudiando los suelos (que clasifica en margas, gredas y arcillas), cultivos y adaptación al clima, o el uso de estiércol y abonos en el norte de España, relacionándolo con la fisiología vegetal. Estudió Artes y Matemáticas en la Universidad de Oviedo, debiendo marchar después a Santiago, trabajando en Galicia antes de volver a su Vega de Poja (Siero). Fue miembro de la R.S. Económica de Amigos del Pais de Asturias, publicó sobre cultivo y producción de vinos en 1786 y sobre hidrología rústica en 1788. Fue también médico, defensor de la iatrofia, teoría que trata el cuerpo humano como máquina hidraúlico-neumática. (w³.ib).

En **Botánica** conviene mencionar a Benito Pérez Valdés (1759-1842), farmacéutico, «el boticario de Oviedo», que hizo buenos estudios sobre la Flora Asturiana, publicó el *Memorial Literario sobre la botánica española*, y tuvo fama de curandero. Existen algunas descripciones **agrarias**, por ejemplo por Fray Toribio de Santo Tomás (1658-1714) que trata en su *Arte general de granjerías 1711-4*, la cultura, costumbres agrícolas y ganaderas en particular de la zona de Colunga (Santo-Tomás T., 2006) .

3.2.3. Matemáticas

La figura principal es Agustín Bernardo de Pedrayes y Foyo (Lastres, 1744-1815) que estudió en Santiago, fue profesor en Madrid y colaborador de Jovellanos para la promoción de la enseñanza de matemáticas en el RIMN (w³.nc) . Junto a Jovellanos promovió enviar alumnos a formarse fuera, así se envió a José Alvargonzález (auxiliar de matemáticas) a Segovia para estudiar con el químico francés Louis Proust, siendo después profesor de Física y Química hasta 1804 (w³.oa). Pedrayes volvió a Madrid en 1798 y participó en París en reuniones para definir el sistema métrico decimal.

Benito Pérez Valdés

Agustín Pedrayes

3.2.4. Medicina.

Es imprescindible la figura de Gaspar Casal y Julián (1680-1759), que, aunque nacido en la provincia Gerona en el año 1680, trabajó en Oviedo desde 1717 a 1751 y fue amigo de Feijoo (w³.ob). En 1751 se trasladó a la Real Cámara de Fernando VI en Madrid, donde falleció. Fue el primero en describir el «mal de la rosa» en 1735, denominada después pelagra, y que relacionó acertadamente con alimentación deficitaria en Asturias debido a ser el maíz la base alimentaria (w³.bc). Todavía en 1914 había discusiones sobre el origen de la enfermedad y en 1937 se vio que se debía a un déficit de niacina o vitamina B3. Es interesante que el proceso de nixtamalización no conocido aquí, se realizaba en México tradicionalmente, cociendo el grano de maíz con $Ca(OH)_2$ (lavando después con agua), se liberaba triptófano, aumentándose la absorción de niacina en el intestino. (Fernández J., 2013), evitando el problema. Se le señala como uno de los padres de la Epidemiología, habiendo estudiado también la sarna, asma y lepra.

Tenía al menos el Bachillerato en Artes en 1713, pero existen dudas acerca de si llegó a tener titulación médica, se suele repetir como curiosidad que Gregorio Marañón sentenció… *«tuvo la suerte de no ser universitario. Si lo hubiera sido, su innata capacidad para la observación se habría ahogado en el ambiente estúpidamente teórico de las Aulas».* Su obra *Historia Natural y Médica del Principado de Asturias* publicada tres años después de su muerte, es una historia de los trabajos médicos desde su llegada a Asturias en 1717 (w³.bb).

A un nivel muy inferior se pueden mencionar otros, como José Dorado, profesor de Filosofía, que escribió *«Manifiesto precautorio-médico en defensa de la Medicina y de los médicos».* Aunque no como médico, conviene

 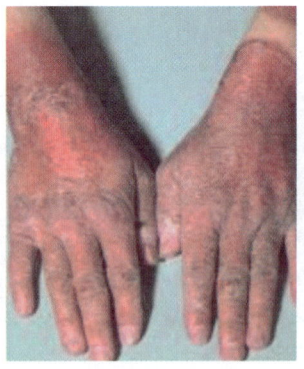 

| Busto que se cree de Gaspar Casal | Pelagra Nixtamalización | En la pintura «El médico», de Goya |

mencionar las contribuciones del P. Feijoo difundiendo ideas sobre la importancia de la sangre en las enfermedades, los informes para que las comadronas estudiaran, o la necesidad de enseñanza práctica de la medicina y la importancia de la relación psicosomática.

Se deben mencionar también dos médicos asturianos que se formaron en Cirugía en París trayendo instrumental quirúrgico y que tuvieron repercusión externa. (w³.bd). Diego Velasco (nacido en San Mamés) que tenía una gran biblioteca y fue Maestro de Cirugía del Real Colegio de Barcelona, que lamentaba la pobre formación de los cirujanos asturianos. (Fernández-Ruiz C., 1963). Una carrera análoga fue la de Francisco Villaverde la Villa (1738-90) de Pola de Siero en el Real Colegio de Cirugía de Cádiz, escribiendo ambos el *Curso teórico práctico de operaciones de cirugía* en 1762, de gran éxito en cuatro ediciones.

Francisco Villaverde   Diego Velasco (lección inaugural)

3.3. Científicos del s. XIX

> *Vetusta, la muy noble y leal ciudad, corte en lejano siglo,*
> *hacía la digestión del cocido y de la olla podrida, y*
> *descansaba oyendo entre sueños el monótono y familiar*
> *zumbido de la campana de coro, que retumbaba allá en*
> *lo alto de la esbelta torre en la Santa Basílica*
>
> Leopoldo Alas, Clarín *(1852-1901)*

En el siglo XIX, el empuje de la revolución industrial promueve un cambio en muchas direcciones. En relación con ello hay un paso desde las palabras, la fantasía y el romanticismo a la realidad que necesita de conocimientos y hechos prácticos. El realismo, el positivismo y la ciencia se abren paso de una forma amplia, sobre todo en la segunda mitad del siglo, que con una confianza ilimitada da al científico una seguridad que va cambiando las condiciones de vida del hombre, extendiéndose la civilización. En España, llevábamos casi un siglo de atraso, en parte debido al complicado primer tercio de siglo y una inestabilidad que se mantuvo en este periodo (Tuero F., 1977). En Asturias el empuje fundamental se debió al generado por el crecimiento económico a partir de la sexta década del siglo, y la conexión con las necesidades para el sector carbonífero. Dada la escasez de ejemplos se tratan algunos con bastante detalle.

3.3.1. Geología

Luis Guillermo Schulz Schweizer (1805-1877), alemán de Dörnberg, ingeniero de minas por la Universidad de Göttingen, vino a España (Las Alpujarras) en 1826. En 1830 el director General de Minas Fausto Elhuyar, le financia una larga visita por el centro de Europa para conocer técnicas. Es nombrado Encargado de Inspección Minera de Asturias y Galicia en 1833 y en 1835 publica el mapa de Galicia, el primer mapa geológico de España. Después se le encarga la realización del mapa petrográfico de Asturias llevando-do a cabo una completa prospección geológica de la región. De 1842 a 1850 es Inspector General en Madrid, entre 1849 y 1854 contribuyó a la creación de las Escuelas de Prácticas de Almadén y Asturias, la Escuela de Capataces Mineros de Mieres se inaugura en 1855, volviendo a Asturias. Fue director de la Escuela Especial de Ingenieros de Minas de Madrid, director del Instituto Geológico y Minero de España (1853-57) y falleció en Aranjuez. Miembro de la Sociedad Económica de Amigos del País en Oviedo (1861), además de diversas sociedades internacionales y cuenta con numerosas calles y reconocimientos en Asturias. En 1855 publicó el *Mapa Topográfico de la Provincia de Oviedo*, en 1856 *Explotación de la hulla y el hierro en España, y Mapa del*

Carbonífero de España, y en 1858 *Descripción geológica de la provincia de Oviedo* estableciendo con detalle los terrenos carboníferos que serán después explotados.

Guillermo Schulz   M. Fuertes Acevedo

Mapa geológico de la provincia Oviedo de Guillermo Schulz (1858/1927ed)

Se puede mencionar, también en este siglo, a Máximo Fuertes Acevedo (1832-1890) con su obra *Mineralogía Asturiana*, publicada en 1884, habiendo sido profesor en la Universidad de Oviedo (1857) y después catedrático en varios Institutos (w³.mc). Su obra *El darwinismo: sus adversarios y defensores* (1983) le causó problemas con el Ministro de Fomento que le cesó de director del Instituto de Badajoz (Martínez J.L, 1978). Casiano de Prado (Santiago (1799-1866) ingeniero de minas y geólogo hizo el mapa geológico de Madrid

(1852) y otras provincias del centro de España, y fue pionero en la exploración de los Picos de Europa.

Una magnífica relación de los trabajos geológicos y mineros publicados por distintos autores puede verse en la obra *Biblioteca Geológica y Minera de Asturias hasta 1900* (Alvarez E., 2018) .

3.3.2. Química

Se señalan los perfiles de los dos profesores que han tenido más repercusión, mostrando también el ambiente en el que se llevaba a cabo el trabajo en este siglo.

León Pérez de Salmeán y Mendayo (Madrid, 1810- Oviedo 1893). Quiso estudiar Ciencias (de lo que no había facultad en universidades), para lo que asistió en Madrid a clases en lugares como la Dirección de Minas, Museo de Ciencias Naturales y Jardín Botánico, y en la Facultad de Farmacia, donde fue ayudante de laboratorios químicos y ocupó una cátedra de Química Aplicada a las Artes en 1831. En 1834 vino a Oviedo ocupando diversas cátedras, entre ellas Química General y Aplicada, en las Facultades de Ciencias y Medicina. Dio clases en el Instituto de 2ª Enseñanza y en la Escuela para Obreros que dirigía la Sociedad Económica de Amigos del Pais (cátedra de Física y Química), y en la Academia de Matemáticas que fundó. Fue el primer decano de la Facultad de Ciencias y rector con algunas interrupciones por motivaciones políticas entre 1866 y 1888. Participó en todos los ámbitos de la actividad cultural local y tuvo reconocimientos como de la Academia de Ciencias Exactas y la Sociedad Geográfica de Francia. (Arribas S., 1984). Trabajó en la extracción de yodo de algas marinas, en análisis de aguas (Las Caldas, Fuensanta, Mieres…) y de diversos productos industriales, alimentos y residuos, varios con la participación

León Pérez de Salmean   José Ramón Fdez Luanco   Magín Bonet

de su alumno Ramón de Luanco. Fue Catedrático de Historia Natural y otra vez de Física, promovió la instalación de un observatorio meteorológico en la torre de la Universidad (1871) y se recuerda su experimento, con el péndulo de Foucault en la capilla de la Universidad en 1860, mostrando con ello el movimiento de rotación de la tierra.

José Ramon Fernández de Luanco y Riego (1825-1905) de Castropol, estudió en Oviedo y Madrid volviendo como Ayudante de las cátedras de Física Experimental y Química General a la Universidad de Oviedo que dirigía Magin Bonet Bonfill (1818-1894) que es considerado uno de los padres del análisis químico. Luanco estuvo en Sevilla volviendo a Oviedo, y cuando se suprimió la cátedra se fue a Santiago, en 1862 ejerció como catedrático de Química Inorgánica en la Universidad Complutense de Madrid, estabilizándose en 1868 en la cátedra de Química General de la Universidad de Barcelona. En Barcelona fue un prestigioso docente, publicando el texto de éxito *Compendio de las lecciones de química general* en 1878, que no incluía aun la tabla periódica de Dimitri Mendeleiev (1834-1907). Conceptualmente procuró superar el enfoque de Jakob Berzelius (1779-1848), siguió la teoría atómica de John Dalton (1766-1844), y apoyó las tendencias nuevas en Química Orgánica. Todo ello mencionado en la sección 1.1. Fue también historiador de la ciencia, en particular de la metalurgia española en América, y escribió un libro de recopilación de la Alquimia a la que contraponía la potencia de la Química. Decano y rector en 1899 en la Universidad de Barcelona, se jubiló en 1900 volviendo a Castropol. La labor investigadora de Ramón de Luanco debe contemplarse en el ambiente y posibilidades experimentales del s. XIX; trabajó en el análisis de suelos, la extracción de iodo de algas y la producción de gas de hulla, que eran temas de importancia para el desarrollo industrial y económico. También en la fabricación de sidra, que es un tema que se ha extendido durante más de un siglo, y cuya importancia cultural durante siglos ha sido reconocida este pasado año como Patrimonio Cultural Inmaterial de la Humanidad por la UNESCO.

Las dos figuras mencionadas se encontraron con el problema de cierre de la Universidad de Oviedo y la opción de Instituto. Salmeán se quedó en Oviedo muchos años de rector y Luanco pasó por la Universidad de Santiago y Barcelona. La justificación de los temas de investigación tiene que ver por un lado con la escasez de recursos para los laboratorios, y con las posibilidades que surgían por la necesidad de las empresas, para procesos o para análisis. También con los conocimientos que llegaban del exterior o de personas. He mencionado a Magin Bonet que llegó como catedrático de Química en 1847 y que obtuvo una licencia de cuatro años para estudiar con profesores como Dumas o Berzelius, volviendo después a Madrid a la cátedra de Análisis Químico (w³.ic), campo en el que fue una referencia.

3.3.3. Historia Natural

En 1850 era nombrado profesor de Historia Natural por oposición Juan Vilanova que pasó dos años después a la Universidad de Madrid. Fue referente de paleontología en España en la segunda mitad del s. XIX, promovió la Sociedad Española de Historia Natural y se mantuvo en contra de las ideas evolucionistas. Publicó *La creación. Historia natural* entre 1872 y 1876. Otros dos profesores de Historia Natural colaboraron con Guillermo Schulz en su mapa geológico: Pascual Pastor López que realizó interesantes estudios botánicos y agronómicos, indicando la conveniencia de promover prados, manzano, avellano y cerezo, publicando la premiada obra *Memoria Geognóstica-agrícola de la Provincia de Asturias,* y el gallego Luis Pérez Minguez (1829-1903) que hizo valiosos trabajos de botánica, y que escribió en contra de las propuestas de Darwin: *Refutación a los principios fundamentales del libro El origen de las especies, de Charles Darwin,* en 1880. El libro de Darwin (sec.1.2.1.) era de 1859, su primera traducción al español de 1877.

El *Jardín Botánico* de la Universidad se estableció con la colaboración de la Sociedad Económica de Amigos del País, que estaba proyectando crear una Escuela de Agricultura, estableciéndose en 1846 en terrenos del antiguo convento de San Francisco. Tras varias colaboraciones y donaciones llegando a alcanzar 525 especies, pasó por varias dificultades y desapareció en 1871 integrándose en el Campo San Francisco.

El *Gabinete de Historia Natural* se organizó también a partir de 1846 incluyendo colecciones de rocas, así como de zoología, con vertebrados, artrópodos, equinodermos o protozoos entre otros. Pasó al Instituto de Oviedo en 1861 volviendo después a la Facultad (lo que quedó después de 1934 volvió otra vez allí). Disponía de buenos microscopios y microtomos para los alumnos.

En los años siguientes a la desaparición de la Facultad, coincidentes con la obra citada de Darwin, hubo también varias contribuciones de apoyo e interés. Así Genaro Alas (hermano de Clarín) que participó en los trabajos para el Jardín Botánico, y Máximo Fuertes Acevedo que fue profesor de la Universidad, después de varios Institutos, y que publicó textos como *Curso de Física elemental y nociones de Química* (1879) y *Mineralogía asturiana* (1880), *Memoria sobre como recoger, preparar y conservar los insectos* (1885).

En agricultura Pérez Mínguez en 1864, nombraba la cal como el principal abono mineral para la región, y junto con otros, como Fuertes Acevedo, también las enmiendas de yeso y marga (caliza/arcilla/sílice), que curiosamente ya se mencionaban en la época carolingia (s. IX y X). El capítulo de viajeros por Asturias ha sido bastante tratado en la bibliografía, uno de ellos en el s. XIX fue el alemán Roberto Frassinelli (1811-1887) con actividades naturalistas y arqueológicas.

3.3.4. Matemáticas

En este periodo hubo varios catedráticos de Matemáticas. Se puede mencionar a uno con una gran actividad política. José Posada Herrera (1814-1859) que entre 1835 y 1843 ejerció como catedrático de Geometría y Mecánica con Aplicación a las Artes en la Sociedad Económica de Amigos del País de Asturias y también ejerció como profesor de Economía Política en la Universidad de Oviedo en 1838, posteriormente tuvo una gran importancia política en España.

3.3.5. Medicina

El cólera fue el principal problema sanitario en Asturias durante el s. XIX, cebándose sobre todo en la miseria. Koch descubrió el microbio colérico *Bacillus virgula* en 1884, que se transmite por las heces y que con falta de higiene entra por vía oral. Los médicos estaban a medias entre la antigua teoría miasmática y la nueva bacteriología. Hubo en Asturias varias epidemias, 1834, 1854, 1865, requiriéndose mejoras higiénicas, ventilación, limpieza, aseo personal, uso de agua hervida y de lejía. (Sánchez L, 2016). Se empezó a dar más reconocimiento científico a los médicos y el Colegio Médicos de Asturias se crea en 1898.

En el s. XIX hubo dos hechos clave, el descubrimiento de los microorganismos como causantes de la enfermedad y la anestesia. Como medicamentos se usaban analgésicos como opio y morfina, y diversas plantas, laxantes y depurativos. (Tolivar Faes, 1976), El Hospital Provincial de Oviedo se construyó en 1837 en el antiguo convento de San Francisco, reuniendo los hospitales medievales; en 1897 se levantó un nuevo hospital en Llamaquique (w³.ka). El número de médicos creció pasando de 5 (según Gaspar Casal) en 1749, a 200 a comienzos del s. XX.

4.
ASTURIAS. TECNOLOGÍAS, INGENIEROS Y EMPRESAS

Las personas que están lo suficientemente locas como para pensar que pueden cambiar el mundo son las que lo hacen

Estoy convencido de que la mitad de lo que separa a los emprendedores
exitosos de los no exitosos es pura perseverancia
Steve Jobs *(1955-2011)*

Una vez tratados los científicos corresponde ahora mencionar a los ingenieros, o mejor en el contexto del s. XIX en España a los tecnólogos, que por sus propios objetivos podemos ligar con las empresas que son las que van desarrollando sobre todo esas tecnologías. Por supuesto ello se realiza en el afán de lograr productos de interés para las personas y del beneficio de las empresas en el plazo que se defina. Mencionamos antes, en primer lugar, los conocimientos de tipo artesanal que venían siendo habituales, en segundo lugar, los aspectos relacionados con el carbón y el hierro, y en tercer lugar el resto de industrias de nuestra región, que se ven impulsadas por la disponibilidad de eenergía, las tecnologías generales y por las necesidades de la población que se implanta por el empuje de las otras ya señaladas. Si se compara con los desarrollos ingenieriles globales en 1.2.b. es evidente el aporte importante en los campos mineros e interesante en los de siderurgia que se tratan en el Cap. 4.2.. La adaptación del resto de industrias que se señala en Cap. 4.3. se acelera por motivos comerciales y económicos, siguiendo las innovaciones que proceden de Centro Europa.

4.1. Experiencia previa. Conocimientos mecánicos

Más vale maña que fuerza
Refrán popular

4.1.1. La necesidad de energía. Los ingenios hidráulicos.

A partir de la energía directa humana, el aumento del consumo de energía se ha llevado a cabo mediante la incorporación de animales, mulas, caballos, bueyes, y la introducción de diversos ingenios, como molinos de viento y de forma más amplia la rueda hidráulica. Hace 5000 años los sumerios utilizaban molinos de agua, los griegos y sobre todo los romanos desarrollaron la rueda hidráulica de forma amplia para la elevación de agua; se volvieron a reutilizar en la Edad Media y posteriormente incorporando su uso como productor de energía, que a su vez podía transformarse en energía mecánica. (Vaclav S, 2018). Las ruedas se clasifican en romanas o de eje horizontal o molinos de rodezno (usadas por ejemplo en algunos batanes), y griegas o verticales o molinos de aceñas (en molinos sin necesaria transmisión por engranajes) o simplemente molinos. Se muestran algunos ejemplos en Asturias en la figura.

En Asturias a partir del s. XI estos ingenios fueron una fuente principal de energía no animal hasta mediados del s. XIX, para el sector alimentario (molinos), textil (batanes) y metalúrgico (ferrerías). Las ventajas para estas últimas en el Occidente de Asturias se debían a la presencia de agua, madera y mineral, siendo la fuente de energía industrial hasta la llegada del carbón. Requería

Molino de Mazonovo

Maqueta de batán. Grandas de Salime

habitualmente una presa o banzao llevando el agua en una canalización para recuperar después la altura cayendo el agua de forma brusca al cauce del río, aprovechando la energía cinética generada.

- En la **molienda** sobre una piedra cóncava se hacía girar otra piedra movida por la rueda hidráulica, situando entre ellas la escanda mijo y panizo hasta la llegada del maíz a finales del s. XVI. El descascarillado previo en el caso de la escanda se realizaba en molinos de rabilar (a mano), pisones o tahonas. Los molinos de mareas, de los que se conservan vestigios en Villaviciosa, aprovechaban el vaciado de embalses en bajamar (López J L., 1998). Los molinos para harinas todavía en 1856 aportaban más de la mitad del tributo por fabricación, (Nadal J., 1977); eran aceñas, no fábricas propiamente dichas que no había. La primera como tal, se hizo en Vega de Ciego (Lena) en 1885 con salto de agua y potencia hasta 108 cv, y unas 10 t trigo/24h.

Los refranes o adagios locales son muy expresivos de estas actividades tradicionales (Viejo X., 2012) y se recogen algunos de estos en esta sección para ilustrarla.

> *Sal farina del molín ya de la sierra, serrín*
> *El que primero llega al molín, primero muel*

- El **batanado** se realizaba en los batanes o pisones sometiendo las telas al golpeteo mediante mazos o porros con el objetivo de darles una mayor resistencia al tupirse las fibras.
- Conviene distinguir en la industria artesanal del hierro: las ***ferrerías*** donde se trataba el mineral ferreo obteniendo barras (agoas); los ***mazos*** o martinetes trataban las barras para estirarlas o ensancharlas; y las **fraguas y forjas** donde el *ferreru* elaboraba productos finales (ruedas, aperos, herraduras, sartenes, clavos) dándoles forma. Los minerales en Asturias pueden consultarse en el Instituto y Geológico y Minero de España (IGME) (w^3.kb), (López J., 1995) .

> *Sin fueu nun hai fragua, nin molín ensin agua*
> *El ferreru, la maldición: cuando tien fierro, nun tien carbón*

4.1.2. La situación del campo y el mar.

El campo

En el s. XVI aumentó la roturación del terreno disminuyendo el ganado bravo y aumentando el cereal. A mediados del s. XVIII hubo un despegue debido al cultivo de la patata precediendo al crecimiento demográfico. Se multiplicaron las caserías, el abonado, la henificación y la diversificación de cosechas (Vaclav S, 2018).

A finales del s. XVIII indica Jovellanos que mayorazgos, iglesias y monasterios eran casi lo únicos propietarios en Asturias, de forma que sólo un 5% eran propietarios y el resto arrendatarios, lo que cambia poco hasta el s. XX. Jovellanos junto a Pablo de Olavide propusieron poner en venta los bienes llamados baldíos. La llegada del maíz substituyó al barbecho y la economía del trigo, aumentando la parcelación. El producto que aportaba más ingresos era el ganado vivo que se enviaba hacia la Meseta, hacia donde también iban habas y avellanas, que también se enviaban a Inglaterra. En el s. XVIII el ganado principal era todavía el ovino seguido del vacuno. Había también trashumancia, vaqueiros de alzada, por ejemplo en Siero. La mayoría de la tierra se cultivaba por arrendamiento y la cabaña ganadera bajo aparcería. (Cabo A., 1975). La desamortización de Mendizabal en 1836/7, y las que siguieron (Espartero, Madoz), afectaron poco a Asturias, el 80% fue de los bienes desamortizados fueron adquiridos por la burguesía regional o externa, y no cambió la situación de las tierras comunales (w[3].aa).

Una descripción de la vida de una familia campesina entre el s. XVI y XVIII (Antiguo Régimen) en un pueblo del occidente de Asturias, puede encontrarse en el libro de Rosendo López (1805-1864) describiendo la vida rural, relaciones de vecindad y la economía, incluyendo por ejemplo la llegada de la patata en 1780, con una cultura que se basaba en la transmisión oral, no se usaba para ello prácticamente la escritura (López-Castrillón R.M., 2018) .

El que llabra ensin afondar, con poca grana ha cuntar
El que sema y nun cucha, con tierra llucha y pierde la hucha

El mar

Hay referencias de actividad pesquera en Asturias desde la Alta Edad Media. A partir del s. XII crecen las actividades pesqueras, fluviales y marítimas. (Ruiz de la Peña J.L., 1981), con pesca menuda como truchas y sardinas, mayores como merluzas, y además ballenas aprovechando su paso por nuestras costas en invierno.

La pesca en España había crecido a mediados del s. XIX debido a una serie de regulaciones (la Gremial de 1864, la de derechos arancelarios sobre hojalata de 1868, el desestanco de la sal de 1869, la libertad de industria de 1973, y el reglamento de libertad de pesca de 1885). En Asturias también creció por la demanda de salazones y pescados por la nueva población ligada a la industria (unas 27000 personas a finales de siglo) así como por la conexión con la meseta por ferrocarril desde 1884. (Rivero Giráldez J., 1997). El arrastre de altura con vapores se comenzó a extender en Asturias a partir de 1889. Las denuncias entre entidades marítimas se hicieron frecuentes, por ejemplo, para merluza entre las artes de palangre y volanta con los arrastres. (Rodríguez M. (coord), 1990).

En llegando l'Asunción, nin merluza, nin salmón
Foi pescar el pescador ya troixo un gran babayón

4.1.3. Conocimientos y objetos mecánicos

La sociedad asturiana durante siglos fue desarrollando hasta el s. XIX un buen número de **conocimientos de tipo mecánico**, que representaban el máximo nivel técnico en los gremios.

- El trabajo con la ***madera,*** *la carpintería,* fue clave para muchas actividades, por supuesto para la construcción de viviendas y hórreos. En el campo por ejemplo para cestería (de tiras o varas), también para herramientas de cocina como xarras o escudillas, o para el calzado como madreñas.

- Los materiales de **hierro** se usaron para obtener cuchillos, navajas (Taramundi), calderos (Miranda), y otros utensilios como clavos, herraduras, arados.

- Por supuesto otros materiales también conocidos por todos, como las ***canteras*** y areneros para construcción y uso doméstico, el ***cuero*** con curtición y talleres bastante distribuidos, el **hilado** y también productos **ornamentales** como el azabache.

- Para el funcionamiento de la «**industria**» **artesanal** se pueden mencionar muchos ejemplos, en particular en el *campo alimentario*, como fabricar prensas y toneles para la producción de queso, o de sidra prensas y toneles. Los *ingenios hidráulicos* requerían muchos de estos elementos de buen nivel para su funcionamiento.

Val más güeyu de madreñeru que metru de carpinteru
El cesteru, l'alfayate y el reloxeru trabayen col culeru

| Goxu | Xarra | Madreñes | Horru |

| Aráu romano | Navaya | Calzao | Figura Baldornón |

4.2. El mundo del carbón y el hierro

Hay que batir el hierro mientras está caliente
Oscar Wilde (1854-1900)

4.2.1. Breve historia, carbón, coque y hierro

a) Carbón y coque

La producción de carbón vegetal en montones creados en el campo, con madera que se cubría para evitar la entrada de aire, ha tenido estructuras muy variables. (w^3.xb), (w^3.xc). Antes de la carbonización, debe eliminarse completamente el agua, lo que requiere mucha energía, incluso la madera secada al aire contiene aún un 12-18% de agua absorbida, por lo que debe quemarse parte de la madera (celulosa y lignina) para eliminarla debiendo llegar cerca de los 100°C. Después debe calentarse, también por la combustión de la propia madera, lo que requiere aire, hasta unos 280°C, en que empieza a fraccionarse la madera seca liberándose alquitranes y gases no condensables como H$_2$, CO y CO$_2$. El residuo carbonizado es el carbón vegetal con un 30% aproximado de cenizas, pudiendo alcanzarse hasta 400°C deteniéndose el proceso por si mismo. Puede subirse la temperatura obteniendo carbón vegetal de mejor calidad, pero perdiendo eficacia. El resto de productos que se obtenían, además del carbon vegetal, no eran tenidos en cuenta, a pesar de la contaminación generada, curiosamente algunos como metanol, acetona, ácido acético y otros productos, han recibido algún interés recientemente.

A partir del s. XVIII se va aprovechando de forma creciente el carbón mineral (Anes R., 1977).

Imagen de mina (MUMI)

Máquina ventilación s. XVI extraer agua (MUMI)

Máquina Newcomen (MUMI)

La extracción de carbón mineral es un tema muy importante en Asturias, que ha sido realizada en minas muy pequeñas hasta mediados del s. XIX, con una contribución histórica de minas superficiales. Cuando las minas se hicieron profundas, aparecieron dos problemas, insuflar aire y la extracción del agua. Ello mejoró con los desarrollos de la máquina de vapor y la mayor potencia energética. Algunos ejemplos de equipos pueden verse en el Museo de la Minería en el Entrego (w^3.kc).

Para el crecimiento de la siderurgia se precisaba destilar o carbonizar el carbón para obtener coque. La carbonización de carbón mineral se realizó inicialmente en pilas en forma análoga a como se había realizado anteriormente para obtener carbón vegetal a partir de madera. Después se comenzaron a usar los hornos panaderos o colmena (*beehive ovens*), con respiradero lateral de aire y salida de gases superior; el carbón se enciende, regulando la entrada lateral para no tener combustión completa, es decir iguales principios que los tradicionales recuperándose sólo el coque. Con diámetro de pilas de unos 5 m se tardaba unos 3 días para la carbonización y 4 días para el enfriamiento. La energía y materia de humos se perdía, con gran trabajo y contaminación y rendimiento de 40-60% (Mansilla L., 2013).

El siguiente avance después de las pilas comenzó en Francia en 1825. Fueron los hornos rectangulares abiertos por arriba, paredes refractarias con aberturas para la puesta en marcha y tiro, esquema que ha pervivido hasta el s. XXI, pudiendo tener muchos hornos por ejemplo 100, estrechos (1,60 m aprox.), altos y muy largos (13 y 18 m aprox.). Se podía aprovechar el calor en los refractarios, obteniendo coque más uniforme, con menos mano de obra e impacto ambiental, sobre todo cuando se cerró la parte superior, colocando tubos (García P., 2017).

  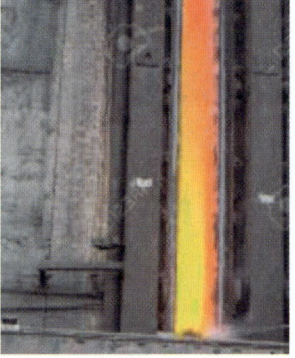

Coquización en pilas, en hornos panadera, y en paredes rectangulares

b) Hierro

Los hornos metalúrgicos antiguos, **hornos bajos** «bloomery», consistían en un foso con chimenea de piedra o arcilla (que podía ser de un solo uso), con tuberas cerca de la base, que se calentaban quemando madera y se cargaban con el carbón y el mineral de hierro triturados. Las partículas de hierro formadas van al fondo, sinterizando y formando una masa esponjosa que contiene escoria en los poros, que debe ser eliminada mediante el uso de martillos con sucesivos pasos de fusión y compactado. El hierro resultante puede tener propiedades muy diferentes según la forma del proceso y el contenido final de carbono. La cantidad producida en las forjas en cada operación creció desde unos 2 kg a unos10 kg en la época romana y mucho más en la edad media en las ferrerías al disponer de energía para soplado, pasando del tiro natural en el horno al uso de fuelles (forja catalana a partir de s. VIII) que se extendió de España a América y que sobrevivió hasta el s. XIX. Aguas abajo se desarrollaron muchas profesiones, como herrero, calderero, cuchillero, armero, etc.

Los **hornos de reverbero** (o hornos de aire), de poca altura, tenían una zona de combustión, de carbón (sobre todo hulla), que lleva los gases a través de una bóveda «donde reverbera» a la solera del horno donde se carga el metal a fundir y para que se produzcan las reacciones. La ventaja que presenta es la de evitar el contacto de combustible y mineral. Aparecen en Inglaterra en el siglo XVII (patente John Percy 1613); para reducir plomo se usaron en Francia en 1730, y hacia 1750 se utilizaron con coque para producir hierro, en particular para fabricar piezas de artillería en Inglaterra y después en otras partes de Europa. Se han usado para metalurgia de cobre y plomo, también para refundir hierro, y dada la temperatura más baja que la de otros procesos para fundición de cobre, latón, bronce y aluminio, también para fundir esmaltes y para la experimentación en el laboratorio. No se usan actualmente, sobre todo por su efecto contaminante y la baja eficacia al no tener contacto directo entre combustible y mineral. La pudelación era un proceso (Henry Cort en 1784) de afino de arrabio de altos hornos para eliminar C en hornos de reverbero mediante escoria oxidante, usado en el s. XIX, pero fue substituido por los convertidores y hornos Martin-Siemens o de solera a partir de 1865. El hierro pudelado se pasaba al tren de laminación comprimiéndolo en rodillos, eliminando más impurezas, y dándole formas deseadas de perfiles o railes. La capacidad y reducción de costes multiplicó la producción y la potencia de Inglaterra.

Los hornos altos usados para producir hierro funcionan cargando el carbón y el mineral (también caliza) por la parte superior y soplando aire cerca de la base. La mezcla sólida/líquida que se va formando y reaccionando va bajando y se recoge en la base como dos fases, metal fundido y escoria flotando (ver 4.2.2.b.). Parece que los hornos altos para producción de hierro con carbón ya se conocían en China en el s. V a.C. introduciéndose también los fuelles hacia el s. I. En Europa hay datos de su presencia en Suiza en el s. XII, y en el s. XIII en Francia usado por los cistercienses que eran avanzados metalúrgicos que llevaban el arrabio (*pig iron*) a las forjas para tener barras de hierro, y que utilizaban la escoria rica en P como fertilizante.

El primer horno alto alimentado por coque en lugar de con carbón comenzó a funcionar en 1711 en Inglaterra (Abraham Darby 1678-1717) generando hierro de gran calidad, marcando en alguna forma el inicio de la era industrial. En 1742 se introdujo el soplado mediante máquina de vapor con soplado de compresores de pistón, de Boulton and Watt (en lugar de la fuerza animal y los fuelles), multiplicando la capacidad de producción. En 1828 James Beaumont Neilson en Escocia introdujo el precalentamiento del aire quemando el gas residual (gas pobre que contenía CO) del horno, resultando ser la estufa casi del tamaño del horno.

Este aprovechamiento de energía denominado **regenerador**, había sido inventado por Robert Stirling (1790-1878) en 1816, que lo planteó como un ejemplo de su motor Stirling. La gran competencia por una mayor eficacia energética generó el desarrollo de los *ciclos termodinámicos*. El motor Stirling no funciona con ciclos y válvulas como el de vapor; en forma breve un fluido se calienta desde el exterior y al expandirse se mueve un pistón que a su vez mueve el fluido a otro punto donde es enfriado creando vacío y más energía mecánica, cerrando el ciclo. Conceptualmente es una versión modificada del ciclo de Carnot donde los procesos isentrópicos se substituyen por regeneración de volumen constante. (w^3.ab). A partir del siglo XIX se pusieron en marcha otros ciclos termodinámicos, mejorándose la eficiencia, en particular el ciclo de Rankine que se utiliza en la central térmica de vapor, que convierte la energía mecánica en térmica o viceversa, basándose en distintos fluidos. Otros ciclos son el de Otto (automoción), Diesel (transporte), Bryton (turbinas vapor) o de Ericsson (gas para energía solar).

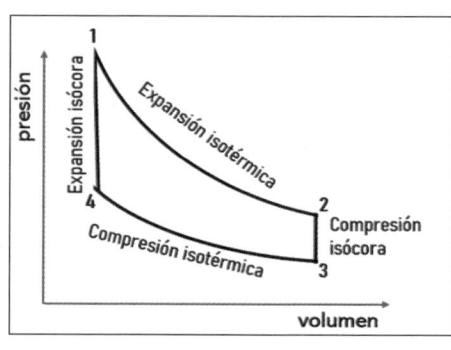

Ciclo de Stirling

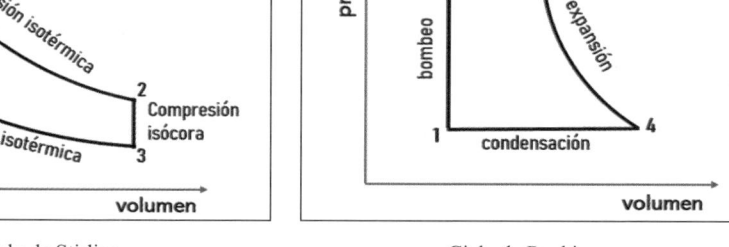

Ciclo de Rankine

El sistema de regeneración térmica ha sido así importante en la competitividad del sector del hierro y otros sistemas industriales en el siglo XIX (como los que veremos después) y el XX. El conjunto industrial involucra muchas tecnologías anexas, incluyendo por ejemplo el desarrollo del material refractario, el sistema de válvulas y control, o la captación de partículas del gas efluente en la parte superior.

En Alemania Friedich Krupp construyó una fundición de acero en 1810 y su hijo Alfred hizo crecer el negocio generalizando el uso del convertidor Bessemer, patentado en 1855 por el británico Henry Bessemer. En Francia, Adolph Schneider en 1836 compró minas de mineral de hierro desarrollando el negocio del hierro en Le Creusot, el horno alto con coque en 1872, y se transformó en el s. XX en Schneider Electric.

Bélgica fue clave en el desarrollo siderúrgico en el s. XIX convirtiéndose en potencia industrial. El inglés Cockerill introdujo las mejoras técnicas de forja de acero en 1817 en Seraign a orillas del rio Mosa, en la región de Valonia que disponía de mineral de hierro. Ahí creó un grupo siderúrgico con las últimas técnicas de hornos de coque, altos hornos y trenes de laminación (w³.ca). Entre 1830 y 1870 fue un entorno de desarrollo tecnológico y empresarial. Su contribución ha sido importante para la evolución del sector en Asturias en el s. XIX. En el pasado siglo se redujo su importancia, aunque hoy sigue habiendo en Gante instalaciones con relación con Mittal y Asturias.

En general la producción de acero a finales del s. XIX era un tema de estado, no sólo por su impacto militar, sino también en el campo de la construcción y comunicaciones, lo que explica muchas transformaciones industriales y sociales. Conviene recordar la importancia del cuerpo de los ingenieros militares en España que, aunque existían antes de 1710 se organizaron como Cuerpo fruto del reformismo borbónico, por Jorge Prosper Verboom en el siglo XVIII.

4.2.2. Carbón y Siderurgia. Bases tecnológicas

a) Aspectos tecnológicos del carbón

Las dos formas alotrópicas de carbono en la naturaleza son grafito y diamante. El carbono amorfo contiene minúsculos cristales de grafito y existen otras formas obtenidas artificialmente como grafeno, fullerenos, vitreos, nanotubos, nanoespumas, etc. El carbón al que nos referimos aquí son rocas con un porcentaje elevado de carbono, por ejemplo 75-90% en la hulla (resto denominado cenizas), formada por enterramiento, carbonización y compresión de materia vegetal en el Carbonífero y Pérmico, que pueden ir acompañados de metano (grisú) procedente de su descomposición. A los constituyentes discernibles con microscopio se les denomina macerales, por ejemplo la vitrinita. Los dos usos del carbón a que nos referimos aquí son su combustión (para las calderas) o su destilación para obtener coque (y ser usado sobre todo en horno alto).

a.1.- La combustión, con oxígeno (aire) permite la producción de energía en la caldera, (C(solido)+O_2(gas)→ CO_2(g)+ calor (+luz)), por ejemplo, para hacer funcionar una máquina de vapor. El proceso se genera en varias etapas según las condiciones, que se pueden resumir en: i) preignición transformando las partículas dando orgánico volátil, ii) ignición/combustión de volátiles, y iii) combustión del residuo carbonoso. La cantidad de calor indicada en la reacción es 32840 kJ/kg (depende de la temperatura a la que se realiza). La combustión parcial en CO aporta 9290 kJ/kg. El carbón más utilizado en Asturias ha sido la hulla, como se ha dicho con 75 y 90% de C (resto H_2O, H_2, S, aire) con poder calorífico aproximado entre 24-32 kJ/kg, abundante en la zona central de Asturias y que es el carbón bituminoso que dio lugar a la carboquímica. La antracita está más evolucionada aún que la hulla, puede llegar al 95%C, con color negro brillante, arde de forma más difícil sin apenas humos, siendo abundante en el occidente de Asturias. El lignito que no juega ningún papel en nuestra región está menos transformado, tiene más volátiles y agua con poder calorífico inferior a 17000 kJ/kg C.

a.2.- La coquización (o destilación)

Si se calienta carbón en depósitos cerrados, sin aire, a temperatura aproximada entre 400-900ºC se genera alrededor del 80% de coque, otro 5% de alquitrán (hidrocarburos aromáticos, bases nitrogenadas) junto con gas de hulla con un 5% de amoniaco, aunque los porcentajes cambian según la temperatura y las condiciones. El proceso incluye la transformación del carbón, la ruptura de moléculas de hidrocarburos y las posteriores separaciones. La duración es

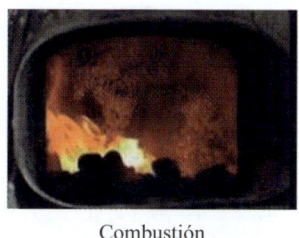

Combustión

Coque

Batería coque (Ref.Pintado Fe)

de unas 18 horas en que al aumentar la Tª se evaporan volátiles, a 400°C se produce el ablandamiento, a 500°C fin de fusión y re-solidificación (coque), a 900°C se acaba el desprendimiento de volátiles terminando la coquización, aunque suele mantenerse a más temperatura un tiempo para que se uniformice la temperatura en el material (w³.ja). Durante el proceso cambia la presión sobre las paredes, y la composición de los gases; así al final aproximadamente por encima de 500°C aumenta H_2 y baja CH_4. La mayor parte del N y S queda en el coque, cerca del 20% del N se va como NH_3. El objetivo principal del proceso ha sido la obtención de coque para la producción de hierro, y en torno a él se creó el Instituto Nacional del Carbón en Asturias. (Pintado Fe F., 1952.). Suele controlarse su volatilidad y plasticidad, así como diversas concentraciones sobre todo procurar un bajo el valor de fósforo, pero también azufre, carbonatos y cenizas. Otro aspecto de interés es el aprovechamiento de los productos líquidos y gaseosos (w³.da).

b) Aspectos tecnológicos de la siderurgia

Los desarrollos realizados en la producción de hierro fundido o arrabio durante la historia, hasta finales del s. XIX fueron completamente empíricos, con gran consumo de medios y posiblemente con buena contribución de serendipia. Los hornos (altos) se van haciendo más altos al aumentar la resistencia mecánica del coque respecto al carbón vegetal usado anteriormente. Un esquema del horno alto ya establecido en en s. XX se muestra en la Figura.

El arrabio que se obtiene es duro y quebradizo. Sus características mejoran si se baja el contenido en carbono hasta 0.75 a 1,5% (acero rico en C) o incluso menos de 0,2% (acero dulce). Esto se realizó a partir de 1857 con dos procesos, en particular con el método Bessemer en que se insufla aire (después O_2) en el convertidor quemando las impurezas C, Mn, P, S en un proceso discontinuo de unos 15 minutos, aunque al final suele requerir añadirse componentes hasta un nivel deseado. La reducción de P permitió aprovechar el mineral vasco desarrollándose los Altos Hornos de Vizcaya convirtiéndose en los mayores productores de España. En el otro método Martin-Siemens, que conviene operar directamente con el

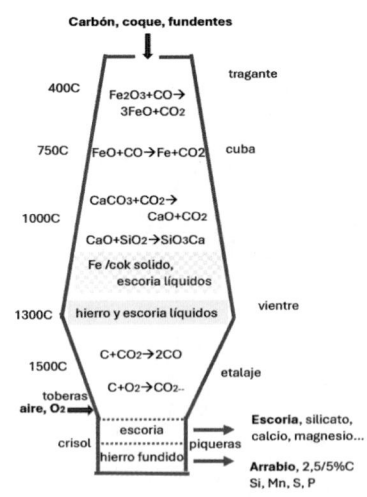

Esquema de las características de operación en el horno alto (actual)

hierro líquido, se introduce chatarra y mineral de hierro que aporta el oxígeno en un horno revestido de cal y magnesio y requiriéndose el mejor ahorro energético aprovechando corrientes gaseosas de salida. Los aceros medios (±0,2%C) son dúctiles, al aumentar la concentración de carbono se endurecen y se hacen más tenaces con usos diferentes. Por ejemplo, los medios se usan para construcciones y railes. (Babor J., 1935). Otro proceso desarrollado fué la obtención de hierro dulce, con 0,2% de C, quitando impurezas (Si, P, C que pasan a la escoria) en hornos de reverbero, resultando tenaces y quebradizos, pero que fueron substituidos por acero dulce (w³.ta) .

Todo este proceso como se ha dicho corresponde con un proceso ingenieril empírico. El conocimiento de lo que pasaba, en realidad comenzó a adquirirse al medir la concentración de carbono de los materiales en la segunda mitad del s. XIX, y el uso de microscopios cristalográficos lo que permitió conocer los procesos químicos que se producen. No obstante, el flujo de materiales en el horno, reactor contínuo, es bastante complejo, y no se ha incorporado ese movimiento al diseño de los hornos altos hasta el presente siglo. (Rosal R., 1995). Sigue habiendo un margen amplio para mejorar el sistema en estos términos y para el control del horno alto (Martin M., 2005).

Con los datos del carbono y los cristalográficos se elaboró el diagrama hierro-carbono (Fe-C) que se ha convertido en la herramienta básica para explicar los procesos mencionados (figura). En 1883 Frederik Abel al medir el carburo

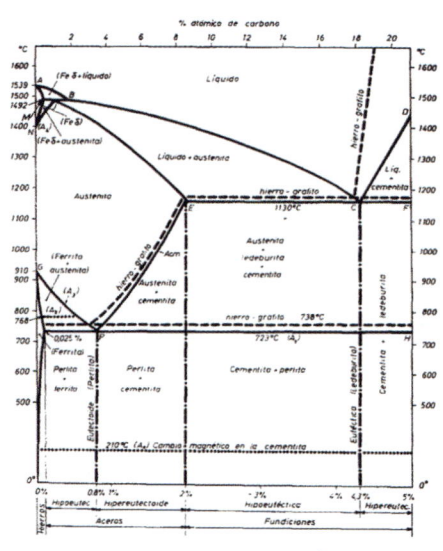

Diagrama Fe-C (hierro-carbono)   Convertidor Bessemer

de hierro dedujo que no se podía eliminar en ese estado todo el carbono. J.A. Brinell mostró cómo las operaciones de forja y temple cambiaban las estructuras. Osmond y Werth determinaron puntos críticos del hierro y acero. A Osmond se deben los nombres de ferrita, perlita, cementita, austenita y martensita

El diagrama Fe-C es de equilibrio, pero inestable, por lo que la observación depende de la evolución de la temperatura vs. tiempo y permite mostrar las distintas operaciones térmicas (Pero-Sanz J.A., 2020). En ese diagrama hay dos puntos críticos, eutéctico y eutectoide. Se pueden ahora justificar algunas operaciones llevadas a cabo desde la antigüedad que permitían mejorar las propiedades del acero. El templado consiste en calentar el hierro a temperatura alta y enfriar repentinamente en agua o aceite. Se obtiene un acero templado muy duro pero quebradizo. Se puede hacer menos quebradizo calentándolo después a 250-300°C en la operación denominada revenido, y la dureza se puede regular según el valor de la temperatura mencionada.

4.2.3. Carbón y siderurgia en Asturias. Resumen

> *Si yo fuera picador (cantaba un guaje en la mina) /*
> *A mi amor le compraría /*
> *Collar de rojos corales /*
> *Engarzado en plata fina.*
>
> *Letra:* José León Delestal
> *Canción:* José Gonzalez «El Presi *(1908-83)*

a) Comentarios sobre las minas de Asturias

La primera licencia de minería de carbón en España parece que fue otorgada por Felipe II en 1593 para extraer carbón en Arnao (Castrillón). Su potencial se conocía, pero no se convirtió en proceso industrial hasta finales del s. XVIII. En 1787 el alférez mayor de Oviedo Antonio Carreño y Cañedo hizo un informe sobre las posibilidades de la hulla, indicando que su abuelo, Francisco Carreño y Peón, hacia 50 años mientras cazaba por los bosques de Carbayín, se percató de la presencia de carbón al observar un incendio en los montes, quizás como justificación para apoyar las posibilidades de la hulla de la región.

En 1789 Jovellanos elabora un importante documento *«Informe sobre el beneficio del carbón piedra y utilidad de su comercio»* para el Ministerio de Marina donde junto a la promoción del Instituto Asturiano de Náutica y Mineralogía, promueve la libertad para explotar minas y la mejora de transportes, en particular la carretera carbonera entre Langreo y Gijón (w³.cb),Esta carretera no se desarrolló entonces porque para llevar el carbón desde las Reales Minas de Langreo a los hornos de Trubia establecidos en 1794, se

Azq1 «Niño de la Cuenca».
Mariano Moré

Mina de Arnao

Pozo Fondón

planteó bajarlo en chalanas por el Nalón (Fernando Casado de Torres), lo que resultó después inviable por diversas dificultades, entre otras por las riadas, y además, los Altos Hornos de Trubia tuvieron graves problemas técnicos cerrándose las Reales Minas (Ocampo J, 2021).

Pasaron más de dos décadas hasta que se retoma la producción. La Real Orden de 1829 busca promover la explotación de hulla, Guillermo Schultz comienza sus estudios geológicos en Asturias y comienzan las inversiones extranjeras. Financieros belgas (familia Lesoinne) y catalanes (Felipe Riera y Joaquín Ferrer) fundan la Real Compañía Asturiana de Minas para la extracción de hulla en Arnao con el objetivo de hacer un centro siderúrgico (posteriormente se dedicó a la obtención de cinc). Las minas del interior de Asturias tenían los problemas de transporte, que no quedan aliviados hasta que se construye la carretera carbonera entre 1838 y 1844 promovida por Alejandro María Aguado para llevar el carbón de sus minas de Siero y Langreo (w³.ma), y más tarde se inaugura el ferrocarril de Langreo a Gijón en 1852.

El Gobierno manda reconstruir la Fábrica de Armas de Trubia en 1844 dirigida por Antonio de Elorza. En Londres inversores ingleses crean la *Asturian Coal and Iron Company* y compran minas en Mieres, Olloniego y Tudela, dan entrada a capital francés y se enciende su primer horno en 1848. En 1857 Numa Guilhou compra instalaciones en Mieres y minas en Langreo creando lo que acabará siendo la Fábrica de Mieres, facilitada su operación por las líneas de ferrocarril Mieres/Gijón en la década de los 70 y a Madrid en 1884. En la Cuenca del *Nalón* el desarrollo aprovechando su carbón se debe sobre todo a Pedro Duro y Benito que constituye en 1858 la empresa que será posteriormente Duro Felguera, encendiendo su primer horno en la Felguera en 1860 (Nadal J. , 1977).

Es este un momento donde la sinergia de las materias primas de carbón y hierro, junto a la evolución tecnológica, genera grandes movimientos industriales con un gran aporte de dinero para poner en marcha instalaciones de producción del primer nivel, con personas adaptando los conocimientos empíricos que procedían sobre todo de UK, Bélgica, Alemania y Francia. Mientras tanto, en Europa se estaba avanzando con la producción ya de acero, que comenzó masivamente en 1857 con el convertidor Bessemer que desarrolló Henry Bessemer (1813-1898). Pero a partir de 1890 fue substituido por el horno de solera (proceso Martin-Siemens). El horno de arco eléctrico surge en 1900, en la práctica a partir de 1920. La introducción en la segunda mitad de hornos Bessemer en el Pais Vasco, que podía aprovechar su mineral, decreció momentáneamente la importancia de las industrias asturianas. En el s. XX, Asturias retoma su importancia en la producción de acero con los nuevos convertidores, en los que se requiere, ya en el s. XX, conocimientos de los procesos de mezcla (Martin M., 2005) y de control (Blanco C., 1995).

El carbón era explotado en Asturias desde el s. XVI, pero hasta el decenio de 1860 no se tiene una industria hullera desarrollada, sobre todo por la actividad de la Real Compañía Asturiana de Minas (Coll S., 1987) . Las principales empresas mineras pueden consultarse en (w³.db, (w³.dc). En el s. XX, el tratamiento de efluentes ha pasado a ser un aspecto muy importante (Vicente J., 2004). La producción de carbón creció desde 381 miles de toneladas (mt) en 1875 a 1425 mt en 1900. Para ilustrar las zonas más productivas señalaré las cantidades extraídas (mt): Fábrica de Mieres (278), Hullera y Metalúrgica de Mieres (253), Hullera Española (247), Hulleras de Turón (156), Herrero Hermanos (70), Carbones Asturianos (58), Real Compañía Asturiana (55), Coto del Musel (54), Duro y Cia (44), Felgueroso Hnos (40), Otros (170) (Ojeda G., 1985). A finales de siglo hay en Asturias casi 13000 mineros. Para información adicional de minas de carbón consultar por ejemplo INCUNA (w³.lc).

Cada pozo de carbón tiene su historia, indicaré la de uno icónico. En 1868 Duro adquiere la mina de montaña La Nalona en Sama y la convierte en su primer pozo vertical, el Fondón, después seguirían Sotón, Mosquitera y muchos otros. La Nalona había crecido en la primera mitad del s. XIX promovido por Alejandro Aguado Marqués de las Marismas. Los edificios del Fondón son de 1915 y son la sede del archivo histórico de Hunosa.

b) Mejora de comunicaciones

Durante el siglo XIX se mejora el transporte, en una región de no fácil comunicación natural, lo que generó importantes beneficios y cambios sociales. El crecimiento del ferrocarril está muy unido al movimiento del carbón (w³.ia).

Si dejamos a un lado el ferrocarril de carácter minero de El Espartal en Arnao de 1855, debemos hacer hincapié en el ferrocarril de Langreo a Gijón, considerado el cuarto de España, que se planificó en 1846 por el ingeniero de caminos José Elduayen. Se inaugura el tramo Gijón-Pinzales en 1852, el túnel del Conixu en 1848 seguido del plano inclinado de San Pedro, y definitivamente se abrió Gijón-Langreo en 1856 con ancho 1,438 m próximo al internacional. Se expandió a Pola de Laviana en 1884. Mantuvo mucho tiempo el monopolio de transporte hacia el puerto de Gijón.

Plano inclinado San Pedro (FC Langreo)   Viaducto de Parana (Rampa de Pajares)

En 1874 se inaugura el tramo Gijón-Pola de Lena promovido por la Fábrica de Mieres para tener también salida al puerto de Gijón, y que se extiende a Puente de los Fierros en 1881 (w³.sc). Para la salida a la meseta el tramo de Leon-Pola de Gordon se había hecho en 1868 llegando a Busdongo en 1872, y finalmente el tramo Busdongo a Puente de los Fierros en 1884 abriéndose la salida a la meseta, en ancho ibérico (1668mm).

Otras líneas son: i) El trazado previsto en 1877 desde Oviedo a Pravia se completa hasta Trubia en 1879, y en 1904 a San Esteban de Pravia. En 1900 se plantea la unión entre San Esteban y Cangas de Narcea con objetivos carboníferos que no llega a construirse ii) La línea Oviedo-Fuso de la Reina se inaugura en 1904. La línea de Trubia-Mieres-Ujo se concesiona en 1901 y se comienza a inaugurar por tramos en 1906. iii) La línea Gijón-Ferrol se aprueba en el Congreso de los diputados en 1886 por motivos estratégicos de defensa, pero que no se termina hasta 1972. El tramo Candás-Aboño se inaugura en 1908 (w³.sb).

Es interesante señalar que el primer ferrocarril dedicado específicamente al transporte de pasajeros no se instala hasta que se pone la línea Oviedo-Infiesto por la Cia de FC Económicos de Asturias en 1891 llegando a Llanes en 1905. La carretera carbonera Felguera-Puerto de Gijón es muy anterior, se puso en funcionamiento en 1842 (w³.ma).

c) Hierro y otros minerales

El Cordal Cantábrico y en particular en Asturias dispone de una amplia distribución de minerales, algunos aprovechados desde hace más de 4000 años como el cobre (malaquita y azurita) por ejemplo en las minas del Aramo, también hierro primeramente para pigmentos (hematites), después con los romanos el oro bien conocido, además de Pb (usando PbS para engobar en cerámica) en galenas que contenían también Ag. (Santullano G., 1978). La ley de Minas de 1825 (de Elhuyar) abre paso a los registros mineros, a la minería moderna requiriendo grandes inversiones, dejando atrás las muy pequeñas instalaciones, siendo importantes ya las vías de comunicación y los requerimientos externos históricos. Señalaré algunos de los minerales y minas de mayor impacto, que han ido dejando también su huella en la región.

Hierro

Asturias tenía las mejores minas de carbón, pero de **hierro** eran mejores las del Pais Vasco, Granada (Alquife), Almería (Conjuro), Teruel (Ojos Negros) y León (Coto Wagner), por lo que el transporte entre zonas carboníferas y mineralúrgicas resultaba muy necesario. En Asturias el más importante yacimiento de hierro fue el de Llumeres (Bañugues) en la zona de Cabo Peñas, ya conocida por los romanos. La explotación funcionó a partir de 1858 por S.C. Minera de Gozón, fue comprada por Duro Felguera para su suministro y se construyó allí mismo un puerto para llevar el mineral a Gijón, de donde se enviaba a la Felguera e incluso a Inglaterra y Alemania. En 1922 instalaron un cable de 7,5 km hasta el Regueral (Candás). Fue clausurada en 1967.

Otras minas de hierro fueron Julia y la Cogollu, ambas en Ballongo, (Grado), mencionadas en 1792 por Julio Casado, en explotación en 1848 para la fábrica de Trubia (Elorza), también la mina Santa Rita en Saliencia (w^3.rb) de la que se tienen noticias desde 1805 usándose para fabricar cañones, y que requería transporte a través de Torrestío y Puerto Ventana. El mineral en estas minas era sobre todo hematites, en ocasiones goetita, definiendo el contenido en P y S las posibilidades de uso en metalurgia.

Históricamente habían sido importantes en el occidente de Asturias los minerales de siderita ($FeCO_3$) usados localmente como fragua catalana, pero con las dificultades del transporte en el periodo de industrialización. El Fe suele ir asociado al Mn en menas en particular en el oriente, podemos mencionar la de Buferrera (w^3.lb) de Fe y Mn (Covadonga) a partir de 1848 intermitentemente y en Peñamellera, así como también en Pravia y Valdés.

Llumeres   Buferrera   Santa Rita. Saliencia

Otros minerales

Además del carbón coquizable y el más escaso hierro, se han aprovechado otros minerales, (Rodriguez L.M., 2024), en particular metales.

- **Cu.** En minería de cobre las más importantes son las del Aramo (Llamo, Riosa), ya señaladas y vueltas a explotar a partir de 1893 (Aramo Copper Mines Ltd) hasta 1955. Tenía poblado minero y hasta 5 niveles de galerías en desnivel, con planta de tratamiento, obteniéndose en cantidades menores Co. También es importante La Delfina en Cabrales con tetraedrita y malaquita, otras han sido sólo pequeñas galerías.

- **Hg.** Hay buenos depósitos del mineral de mercurio, cinabrio (HgS) de color rojo, después de los de Almadén, explotadas desde principios del s. XIX en particular El Tarronal (Mieres) y Soterraña (Pola de Lena). Las minas bien dotadas, que incluían hornos y condensación de mercurio cerraron en 1974. También se aprovechó el arsénico en ocasiones, como rejalgar (As_2S_5), asociado habitualmente al mercurio.

- **Pb y Zn**. Suelen encontrarse juntos, en el oriente de Asturias como carbonatos (calaminas) en Peñamellera y Arenas, y en occidente como sulfuros, por ejemplo Mina Carmina (galena en el caso del Pb que solía incluir Ag) y esfalerita en el zinc.

- **Co y Ni**. El cobalto y el niquel van también asociados, han solido ser instalaciones menores y han estado presentes en particular en el Oriente, se ha conocido bien la Mina de los Picayos (Niserias)

- **Au.** Mencionar también, claro, las de oro, en Navelgas (w^3.rc) y Salas-Belmonte (Boinás, Begega…) bien conocido desde tiempos de los romanos, funcionando ahora en la segunda zona y que requiere (Bachiller D., 2004). procesos de recuperación y remediación

- **Otros**. Alguna mena como la de fluorita en Berbés (w^3.sa) fue mencionada por Schultz en 1836 y sigue en la actualidad (Minersa). Algunos como el wolframio y el molibdeno se comenzaron a aprovechar ya a partir de 1940, con muchos otros de interés como el antimonio, barita, magnesio, grafito natural, fosforita, o feldespato, algunas de ellas de interés actual en la Unión Europea (Gutierrez-Claverol, 1993).

Aramo   Berbés   Soterraña

d) Historia y aspectos adicionales de la siderurgia

La siderurgia, producción de hierro, parece remontarse al 3er milenio a.C., con más claridad 1700 años a.C. en Anatolia, y entre los s. XI y V a.C. desde Egipto a España. Su uso fue sobre todo militar. Aunque no se expresase así, la temperatura de obtención y la cantidad de carbono marcaba la calidad del producto, junto a la heterogeneidad. Los minerales de hierro más frecuentes son óxidos (hematita Fe_2O_3 y magnetita Fe_3O_4), hidróxidos (limonita) y carbonatos (siderita), que deben reducirse con un alto aporte energético para obtener el hierro Fe. Como reductor y agente energético durante milenios se ha utilizado carbono C ($\rightarrow$CO, CO_2). En el s. XXI se plantea utilizar el hidrógeno H_2 con iguales fines. En realidad, cuando se habla de hierro común, arrabio, se trata de mezcla de Fe+C donde el porcentaje de C (junto a otros factores) le da propiedades diferentes, como se ha indicado en Cap.4.2.2.

En España hay restos de minas celtibéricas, de tiempos de los romanos, y aceros traídos por los árabes. En la baja edad media se desarrollaron ferrerías en zonas con mineral, bosques (para carbón vegetal) y energía hidráulica, en particular en zonas de Cataluña o Pais Vasco, así como también en Asturias (w³.cc). Hasta el siglo XVIII la materia carbonada era el carbón vegetal, pero al agotarse éste se comenzó a usar carbón mineral, sobre todo hulla, y las necesidades de calidad y mecánicas precisó el uso de coque obtenido a partir de hulla en hornos de coquización. La mayor resistencia del coque permitió hornos cada vez más altos. Los primeros de estos hornos se hicieron a partir de 1720 hasta 1800 en diversas zonas que se lo disputan, Ronda (Cádiz), Sargadelos (Lugo) Lierganes y la Cavada (Cantabria) y Trubia, para abastecer a la marina con cañones y munición, para substituir al bronce más pesado y caro (Puche O., 2004) (Alcalá-Zamora J., 1999) (Frias J.G., 2016). En el siglo XVIII se instalan los hornos de la Fábrica de armas de Trubia, que pretendía utilizar el coque del horno de Casado de Torres en Langreo. Las grandes plantas del s. XIX se deben primero a Pedro Duro en Langreo y Numa Guilhou en Mieres.

La ingeniería del s. XIX es fundamentalmente de prueba y error, con gran esfuerzo y captación de ideas de Europa. La técnica iba unida a la gestión de empresas, buscando capitales, y técnicos que traían los conocimientos de otras partes de Europa en particular de Bélgica.

En el siglo XIX se obtienen coladas eficientes, las primeras en Málaga aprovechando el mineral de hierro de Marbella y Ojén con carbón vegetal y energía hidráulica, mientras había caído en el norte debido a las guerras carlistas. La presencia de carbón en Langreo y Mieres atrajo la siderurgia con el horno de Trubia en 1848, y en 1857 se funda la Sociedad Duro en la Felguera convirtiéndose en el mayor productor entre 1862 y 1879. Pero como se ha citado, en las dos últimas décadas Vizcaya con los Altos hornos de Vizcaya pasa

Horno alto (s. XX, Veriña)　　　　　　　　Colada

a producir el 80% de España al introducir los hornos Bessemer que permitían utilizar los minerales vascos con fósforo.

A partir de finales del s. XIX el proceso global involucra:1). Transformar carbón en coque, 2). Producir en hornos altos el hierro fundido, (arrabio, con una concentración de carbono de 4% aproximado. 3). Transformar éste en acero en la acería, reduciendo el porcentaje de carbono hasta 0,2-2% aproximado. 4). Finalmente vienen operaciones físicas de laminación. Las escorias se forman en el crisol del horno alto. En el convertidor de oxígeno y en la metalurgia secundaria se añaden óxidos alcalinos y alcalinotérreos, silicatos, aluminatos, fundentes o fluidificantes, con el objetivo de tener fase receptora para captar inclusiones de óxidos no deseados, obteniendo el acero, al mismo tiempo que se protege el metal y el refractario (Llera J., 2018) .

A partir de 1850 hay un renacimiento industrial en España apoyado por la transferencia tecnológica desde Europa, y en la depresión europea alrededor de 1880 hubo un crecimiento en España que cae a final de siglo cuando Europa crece, pero vuelve a crecer alrededor de la primera guerra mundial (Alvarez-Pelegry E., 2017). En Asturias el desarrollo siderúrgico del s. XIX puede situarse en torno a una serie de fechas de establecimiento de empresas. La fábrica de Trubia de base militar es de 1794, la Compañía de Minas Asturiana, y la Minera y Metalúrgica de 1844 y 1852 respectivamente. El inicio de construcción de Duro Felguera de 1857 y la producción de su horno se produjo en 1860. La Sociedad Hullera y Metalúrgica 1865, la Fábrica de Mieres de 1879, y finalmente la Sociedad Industrial Santa Bárbara 1895. (Llaneza L.J., 2017). En Quirós, en 1862 comienza la explotación de las minas de carbón. En 1869 serían las de hierro, y entre 1870 y 1875 se encienden los dos altos hornos en Torales (Quirós), con el fin de producir hierro fundido en lingotes de afino. La actividad industrial perduraría hasta 1908, manteniéndose solo el centro administrativo hasta 1965.

Asturias, resumen en otra forma. Podemos considerar un Periodo Previo en la fabricación industrial de hierro que se acaba con la guerra de la independencia. El elemento fundamental fue la Fábrica de Municiones de Trubia, fundada en 1794, dos años después de que la fábrica de Sargadelos había puesto en marcha los primeros hornos altos. En Trubia después de varios intentos en 1797 se produjo la primera colada, en presencia de Jovellanos. En el siglo XIX se desarrolla la siderurgia asturiana con tecnología y capital extranjero, sobre todo belga. (Llaneza L.J., 2017). Se pueden señalar tres **líneas geográficas** fundamentales en el s. XIX. Estas líneas de producción llegarán hasta la década de 1940 como siderúrgicas con hornos altos cada una (sintéticamente: Caudal, Langreo, Gijón) y a partir de ahí se fue produciendo la integración.

i) En primer lugar podemos comenzar con el restablecimiento de la Fábrica de Cañones de Trubia en 1844, con hornos altos que alimentan barras de hierro forjado, fraguas, fundición de cañones y fabricación de municiones. Para explotar los yacimientos de carbón de Mieres y Tudela se crea en 1844 la «*Asturian Mining Company*» de donde salió el primer hierro de calidad utilizando coque a orillas del Caudal. En 1853 se hizo cargo de sus instalaciones la «*Compagnie Miniere et Metalllurgique des Asturies*» que usó hierro del Naranco, pero que quebró y subastó en 1870 en París. La compró Jean-Antoine Numa Guilhou que contrata al ingeniero Jerónimo Ibrán en 1873 y se inscribe como Sociedad Fábrica de Mieres en 1879, en 1881 tiene tres hornos altos produciendo 20900 toneladas de hierro colado.

ii) En segundo lugar, en 1857 Pedro Duro (Brieva, la Rioja,1810-1886) funda la «Sociedad Metalúrgica de Langreo», incorporando una anterior Fábrica de Gil, que da su primera colada en 1860 en La Felguera; denominándose más tarde Duro y Cia, En 1868 Duro Felguera había puesto el primer tren de carril de España, y en 1875 Duro Felguera produce 20700 toneladas de hierro colado con tres hornos. Superada la crisis por la llegada de los hornos Bessemer en la década de 1880, evolucionó siendo referencia en España hasta mediados del s. XX.

iii) Finalmente, en 1879 se crea la «Sociedad de las Minas y Fábricas de Moreda y Gijón» y se produce la primera colada en 1880, produciendo alambre en 1881. La idea generada en 1876 por el ingeniero francés Isidoro Clausel era precisamente la de poner la siderurgia en Gijón llevando el carbón por ferrocarril de nuestras cuencas mineras, y el hierro por barco desde Bilbao y Santander, y que se puso en operación con equipamiento muy moderno (w^3.yb). Fue comprada en 1899 por S. Ind. Santa Bárbara fundada por José Tartiere y Policarpo Herrero (Adaro L., 1968). La familia Tartiere controló la trefilería de Gijón hasta la década de 1980 pasando después a Celsa

Jean Antoine Numa Guilhou   Pedro Duro Benito   Isidoro Clauset de Coussergues

4.2.4. Ingenieros y empresarios o viceversa

La transformación del Antiguo Régimen substituyendo el poder real y la nobleza por las nuevas burguesías, va acompañada de la producción masiva de productos que llenan los mercados, todo ello con el crecimiento de consumo energético que aporta la máquina de vapor, el carbón y la revolución industrial (w³.ua). Se inventan nuevos productos útiles para el hombre mediante la técnica entendida como aplicación práctica de la ciencia (ver Cap.1.2.b.). Para ello deben unirse el conocimiento de cómo hacer los productos, la técnica con los medios para la producción a gran escala y la distribución de productos, junto a las personas. Al menos se precisa pues el técnico y el socio capitalista, en ocasiones, como se verá, el Estado. En cuanto al grado de participación del ingeniero y del empresario, en ocasiones es superior el del segundo, en otras el del primero, lo que ahora señalaremos en dos apartados, de difícil separación en algunos casos (Comellas J.L., 2024).

a) Empresarios e Ingenieros

La conexión entre la región Valonia (Bélgica) y Asturias fue muy importante en el desarrollo industrial de nuestra región, en particular por la necesidad de disponer de armas que tenía España y la disponibilidad en Asturias de carbón y algo de hierro, más abundante como se ha dicho en el País Vasco. Resultaron importantes belgas, y españoles que visitaron Bélgica y volvieron contribuyendo al desarrollo en nuestra región. (Tascón J., 2000,). Mencionaremos algunas personas importantes, mostrando el entorno existente.

Fernando Casado de Torres (Zafra, Cuenca 1756-1829) ingeniero militar, el único cuerpo técnico a considerar entonces. Aunque sólo estuvo dos años en Asturias (1792-1794) después de haber visitado minas de carbón en Inglaterra y Bélgica conociendo la producción de coque, tuvo aquí un papel importante.

Fernando Casado de Torres　　　Francisco Antonio Elorza　　　Dionisio Thiry Delmalle

Llegó para poner en funcionamiento las Reales Minas de Carbón de Langreo, abiertas hasta 1802 (con la dirección del belga Francisco Stievenard) (w³.ma). Llevó a cabo la instalación del que parece que fue el primer horno alto en España, aunque no llegó a funcionar correctamente. Propuso el emplazamiento de la Fábrica de Trubia en la confluencia de los ríos Nalón y Trubia, y en contra de las ideas de Jovellanos, propuso y llevó a cabo la construcción de la salida de carbón de la cuenca del Langreo con barcazas por el río Nalón, que fracasó por dificultades técnicas y riadas.

Francisco Antonio de Elorza y Aguirre (Oñate, Guipúzcoa 1798-1873) militar que participó en el alzamiento de Cabezas de San Juan y que se tuvo que exiliar al acabar el trienio liberal. Estudia en Lieja y en Londres y durante tres años visita diversas fundiciones europeas. En Marbella pone en marcha en 1832 los primeros hornos altos por el afinado por carbón utilizando el procedimiento inglés en lugar de la forja catalana. Se le pide dirigir la fábrica de Trubia, siendo nombrado director en 1844 hasta 1863, en cuyo desempeño cuidó la captación de trabajadores extranjeros. Un amigo valón de Elorza de su época en Lieja, Carlos Bertrand, se convierte también en empresario aquí y asimismo Pedro Duro monta la fábrica de la Felguera. Hay un apoyo a Elorza, político y económico por el ministro Pidal y Mon y el marqués de Camposagrado, resultando en la atracción de inversiones, de personas, de tecnología moderna y la regulación de la venta de producto mediante arancel. Elorza fue nombrado Académico de la Real Academia de Ciencias Naturales (w³.tb).

El ingeniero belga Dionisio Thiry Delmalle (1822-1882) fue contratado por Elorza en 1847 encargándole la dirección de las Minas de Riosa (Porció), construyéndose una batería de hornos para fabricar coque (w³.db). Entre 1854 y 1862 fue director Técnico de la Mina de Arnao (de la Real Compañía Asturiana) en la que se organiza la conocida visita de Isabel II en 1858. Dándose cuenta de las crecientes necesidades de pólvora para las minas de carbón Thiry fundó en 1865 la Fábrica de Pólvora de la Manjoya, la primera en Asturias para producir explosivos industriales que empieza a funcionar en 1867 con diversos fines, y promovió la fabricación de dinamita que no llegó a lograr, pero sí su sucesor Carlos Vetter produciendo también ácidos. También participa en las minas de hierro del Naranco en 1870 y registró varias concesiones mineras (w^3.fa).

Entre muchos otros, podemos mencionar además a José María Ferrer y Cafranga, (Pasajes, 1777-1861) que había sido virrey en Argentina y Perú, después por sus actividades en el bienio liberal tuvo que residir en Francia y Países Bajos volviendo a España en 1834, con la idea de instalar metalurgia en el norte de España para lograr autonomía militar. Y para esa transferencia tecnológica se trae capital humano de Bélgica. Así la visita de Adolphe Lesoinne a Asturias facilita la creación en 1853 de la Real Compañía Asturiana de Minas para la producción de zinc en España.

b) Ingenieros y empresarios

b.1. Formación. Siglo XVIII. Ingeniería

Los Ingenieros militares

El cuerpo de **Ingenieros Militares** se creó en 1710, con el objetivo de construir defensas del territorio, puertos, caminos y canales y hacer cartografía y proyectos urbanísticos. Eran por tanto también científicos y técnicos. En 1720 estaban incluidos en la estructura de los Estados Mayores del Ejército, siendo 159 para la Península y 50 para América y Filipinas

El fin de la guerra con Francia (Paz de Aquisgrán 1748) liberó muchos fondos que se podían dedicar a caminos y puertos en particular la red de caminos propiciada por la Ordenanza de Carlos III de 1767, que dirigirían los facultativos o constructores de Marina, a partir de 1770 ingenieros de marina. Uno de los personajes más relevantes en este ámbito fue Jorge Juan y Santacilia (Monforte del Cid/Novelda, 1713-1773) científico e ingeniero, que publicó el libro *Examen Marítimo teórico-práctico,* y que también fue uno de los iniciadores de la Escuela Universalista Española del s. XVIII (w^3. ra). En 1765 Carlos III suprime el monopolio de Cádiz para comerciar con América, favoreciendo a puertos como Gijón o Barcelona, aumentándose el tráfico marítimo y la necesidad de obras en puertos. En 1779 se crea el Cuerpo de Ingenieros de la Marina. Para evitar algunos inconvenientes de la condición militar de los ingenieros se propone establecer un cuerpo especializado en Caminos Canales y Puertos que se crea en 1799, y la Escuela de Ingeniería correspondiente se crea en 1802 por Agustín de Bethencourt (militar) (Escoda C., 2008).

Los Ingenieros de Minas

Los ingenieros de Minas constituyeron un núcleo clave en el desarrollo industrial asturiano del s. XIX. La Escuela de Minas de España fue el primer centro de estudios técnicos superiores. Se creó en Almadén por Real Orden de 14 de julio de 1777 del Rey Carlos III, nombrándose como director al ingeniero alemán Enrique Cristobal Stör (w^3.tc) . Parece que fue la cuarta del mundo tras Freiberg (Sajonia), Banska Stiavnika (Eslovaquia) y San Petersburgo. Las enseñanzas impartidas incluían matemáticas, geología subterránea, física, química y mineralogía, para España y América (w^3.ea). El régimen era similar al de los ingenieros militares adquiriendo cargo como tales. Mediante R.D. en 1835 se crea la Escuela de Ingenieros de Minas de Madrid, que se inaugura en 1836. Además de numerosas contribuciones ingenieriles se pueden mencionar contribuciones científicas personales como las de Fausto de Elhuyar (descubridor del Wolframio) y Andrés Manuel del Río (descubridor del Vanadio).

b.2. Algunos ejemplos de la contribución de los ingenieros (de minas)

Finales del siglo XIX fue un periodo importante en el paso de la economía agropecuaria tradicional hacia la industrial y los ingenieros de minas constituían los profesionales mejor preparados para ese paso. (Muñiz J., 2011) Mencionaré algunos:

Jerónimo Ibrán y Mula (Mataró 1842-1910) ingeniero de minas fue profesor en la Escuela de Minas de Madrid publicando el *Álbum de Metalurgia* y ya muy posteriormente en 1902 publicó dos libros *Metalurgia General* y *Puentes metálicos*. En 1873 se reubica en Asturias, nombrado por el empresario francés Jean Antoine Numa Guilhou como director técnico de la Fábrica de Mieres, que llevó al primer nivel español. (Mañana R., 2006). También montó un innovador taller de construcciones metálicas primero de España. Fue creador de los ferrocarriles FEVE, participó en los consejos de muchas de las grandes empresas asturianas de la época (Duro, FC Langreo, Cementos Tudela Veguín, Azucarera y Destilerías de Lieres, Cervecera de Colloto...), y tuvo también participación política como diputado (Alvarez-Pelegry E., 2017).

Luis Adaro y Magro (Madrid 1840-1915) era Ingeniero de Minas por la escuela de Madrid. En la Mina Mosquitera (Siero) instaló el innovador primer lavadero mecánico y fundó el pozo Maria Luisa. Impulsó la creación de la Fábrica de Productos Químicos de Aboño, el desarrollo de El Musel, también la Cámara de Comercio de Gijón y la Caja de Ahorros de Asturias. Fue sucesor de Pedro Duro al frente de la Fábrica de la Felguera. Lideró el desarrollo industrial asturiano sobre todo de la cuenca del Nalón. (Mañana R., 2002). Dirigió la realización del Mapa Geológico de España en 1909, y entre 1910 y 1915 dirigió el Instituto Geológico y Minero

Jerónimo Ibrán   Luis Adaro

Junto a estos dos personajes claves hay otros de un nivel importante. Uno es Francisco Gascue y Murga (San Sebastián 1848-1920) que puso en marcha el sistema de hornos Siemens pionero en Langreo en la Sociedad Duro y Compañía. También trabajó para El Porvenir en Mieres donde patentó en 1888 un horno para las minas de mercurio. Fue profesor de la Escuela de Ayudantes Facultativos de Minas y un defensor de la integración de compañías. Hay muchos otros nombres que contribuyeron al desarrollo industrial al final de siglo. Así Restituto Álvarez Buylla (Pola de Lena 1928-1982) capataz de minas que escribió *Observaciones prácticas sobre la minería carbonera de Asturias* en 1861; o José Suarez y Suárez (Navia 1848-1919), ingeniero de minas que trabajó en minería y en el abastecimiento de aguas de Oviedo.

En el nivel técnico menor se debe mencionar la contribución de los Aprendices, en particular de Trubia que comenzaron a formarse en 1850 y que fue modelo para Aprendices de Mieres, incluso un siglo después para los de Ensidesa y para la Universidad Laboral, mencionándose recientemente como un antecedente de la tan valorada ahora FP Dual. A continuación, y en paralelo con las actividades de otras industrias no siderúrgicas se pusieron también en marcha Escuelas de Artes y Oficios con materias como dibujo, por mencionar una, en Candás en 1886.

Conviene también señalar la importancia de la atracción de personas en el desarrollo industrial, tradicionalmente procedentes de la agricultura, que llegan desde más allá de los límites regionales. Además de los impactos del crecimiento y el sacrificio en el desarrollo de las personas, debemos mencionar los *aspectos culturales*. Por una parte, la cultura se modifica y por otra la actividad industrial crea nuevas formas culturales que en Asturias han resultado importantes. Por dar la visión de los que habían sido locales, Cesar de las Matas en «La aldea perdida» (Palacio Valdés A., 1903) terminaba diciendo «Decís que ahora comienza la civilización…. ¡yo os digo que ahora comienza la barbarie!». Por otro lado, la cultura minera desarrolló además un sentido político y de solidaridad impresionantes.

4.3. Otros sectores industriales

> *No es por la benevolencia del carnicero, del*
> *cervecero y del panadero que podemos contar*
> *con nuestra cena, sino por su propio interés.*
> Adam Smith *(1723-1790)*

El avance económico de la nueva industria en la segunda mitad del s. XVIII *fue gradual*, manteniéndose en UK en el año 1800 los sectores tradicionales, el 71% del valor añadido en la industria, y en igual forma evolucionaron gradualmente los aspectos políticos culturales y sociales. En España los cambios fueron aún más lentos, a pesar de los informes elaborados por comisiones de ingenieros y militares, en una disputa entre industrialistas y gremialistas (Ocampo, J., 2023). Jovellanos daba cuenta de los avances en UK, a pesar de que vio los fracasos en fundiciones de Liérganes y la Cavada, el parcial en Trubia, y la dificultad en promover normativa a favor de la industria (Tortella G., 1994). El enfoque industrial, mantenido por ingenieros y empresarios innovadores no era global, sino el dar soluciones a algunos problemas, introduciendo carbón mineral, motores térmicos y enfoque de factoría en lugar de manufactura, que no se establece hasta mediados del s. XIX, con un periodo de convivencia con la producción tradicional. Esta irá perdiendo rentas, brazos, control del mercado y los circuitos de crédito, es decir substituyéndose la sociedad agraria preindustrial. Así se establece en el s. XIX la civilización industrial y el orden liberal.

Ya hemos visto que en la segunda mitad del s. XIX tenemos en la región un sector industrial relacionado con el carbón y la siderurgia, pero crecen también otros sectores conectados con ellos, sobre todo en la zona central. Resulta pues muy importante la aparición de este tercer grupo de empresas que aprovechan los productos y desarrollos que se han mencionado en el capítulo 1.2.b, y las necesidades crecientes por parte de la población y las nuevas tecnologías de las que ya se dispone (Fuertes R., 1902) .

4.3.1. Explosivos y armas

Explosivos

La primera fábrica de explosivos privada de Asturias, la Fábrica de Pólvora de la Manjoya, se debe al ya mencionado ingeniero belga Dionisio Thiry Delmalle que la funda en 1866 en Llamaoscura-La Manjoya después de haber trabajado en las minas de Riosa y de Arnao y ver la necesidad de la pólvora para minería. En 1882 a la muerte de Thiry se va a refundar como Sociedad Anónima la Manjoya para poder competir con los nuevos explosivos. Para

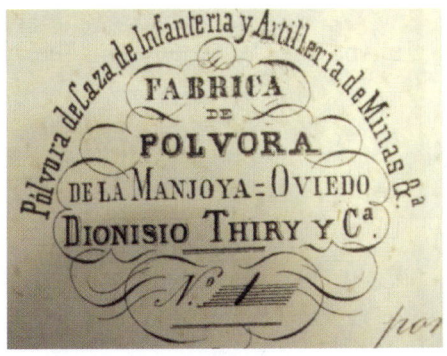

Etiqueta de pólvora de fábrica inicial
de La Manjoya

Molino de muelas (MUMI)

Iniciadores

$$^-O-N\equiv C-Hg-C\equiv N-O^-$$

Fórmula del fulminato de mercurio.
Bosque del fulminato,
futuro Jardín Botánico de Oviedo.

Etiqueta de dinamita de la
Manjoya (MUMI).

la fabricación de la pólvora, el carbón vegetal que representaba el 15% de la mezcla se preparaba en horno de retorta y molino de mazos, la mezcla de los tres componentes (con nitrato potásico y azufre) se hace por fases incluyendo un molino de muelas, hasta lograr partículas de hasta unos 2 mm de diámetro.

La S.A. Santa Bárbara producía en 1884 aproximadamente 9 toneladas/mes de pólvora que ayudó a construir los túneles ferroviarios de Pajares (MUMI, 2025). En 1880 el Ingeniero José Tartiere crea la S.A. Santa Bárbara para suministrar pólvora a las minas y su fábrica en Lugones comienza a funcionar en

1882. En 1888 Tartiere con empresarios vascos crea la S.A. Vasco-Asturiana Santa Bárbara y en 1892 en el sur la Vasco-Andaluza-Asturiana; finalmente también en 1888 se crea la S.A. Comandita Explosivos de Cayés para la producción de mechas.

En 1872 se funda una empresa por Paul Francois Barbe y Alfred Nobel que después de un cambio de nombre pasa a ser S.E. de la Pólvora Dinamítica (SED) que se establece en Galdácano (Vizcaya). El reactor es un nitrador donde se introduce una mezcla de ácidos nítrico y sulfúrico, añadiendo de forma paulatina pautada la glicerina. El reactor está fuertemente refrigerado dado el carácter exotérmico de la reacción, y se pasa a continuación al proceso de separación, inicialmente por sedimentación L/L.

En el uso de dinamitas, los detonadores pasaron a ser claves, siendo habitual el que contenía fulminato de mercurio en muchas formas según el uso, minería, construcción etc. Se fabrica disolviendo mercurio en ácido nítrico y agregando etanol (posteriormente fue substituido por azida de plomo). También se usa la mecha lenta de pólvora negra en hilado textil, que con el paso del tiempo se impermeabilizó, pero posteriormente se desarrollaron muchos otros detonadores, eléctricos y electrónicos.

En 1893 se crea una unión de empresas de explosivos, denominada Sindicato Gremial de Fabricantes de Explosivos (SGFE) con las asturianas mencionadas cubriendo el 43% del accionariado. Debido a un posible acuerdo para precios, en la última década de siglo se plantean batallas legales con el estado. El presidente de SED y SGFE Pedro Errazquin promueve y se constituye en Bilbao la Unión Española de Explosivos, a quien el Gobierno concede en 1897 el monopolio de fabricación y distribución de explosivos por 20 años, debiéndose considerar además en Asturias la fabricación de las mechas, alguna dinamita especial en la Manjoya y pólvoras militares y de minas en Cayés-Lugones. En las fábricas de dinamita además de nitroglicerina solía fabricarse también el ácido nítrico (w^3.ga) necesario, como se indicó en la sección 1.2.b. en este documento. A partir de aquí, los negocios no explosivos, esto es químicos y fertilizantes, se separan con la Sociedad General de Industria y Comercio que se unió a Unión Española de Explosivos, produciendo en el sector de explosivos, pero también productos químicos y abonos minerales y que crecen rápidamente (Ballesteros A., 2022).

Como hemos indicado el sector de explosivos en Asturias ha ido asociado a empresas como la Manjoya (1865), Santa Bárbara en Lugones (1880) y Pólvoras de Cayés (1890), que crecieron y dieron lugar a la Unión Española de Explosivos al final de siglo.

Armamento, defensa

En el s. XVIII el abastecimiento al Ejército y a la Marina lo realizaban las Reales Fábricas Militares que tenían una provisión fundamental de artesanos. Por ejemplo, la de Pólvora de Villafeliche, la de armas ligeras de Eibar, o la de Cañones de Barcelona y de Málaga. Con la llegada de los Borbones, sobre todo en el último tercio del siglo con Carlos III, se quiere asegurar la producción con un mayor control, nacionalizando o creando nuevas empresas, y se abre la opción de hacerlas en nuevas implantaciones. Y Asturias, alejada de la frontera, aislada, y con base económica de agricultura y manufacturas se abre a esa actividad con la importancia de la promoción de Jovellanos con su informe para la Marina de 1789 y el ya señalado encargo a Fernando Casado de Torres para buscar lugares en 1792, aunque estuvo solo dos años en el lugar elegido, Trubia.

Se contaba aquí con abundancia de agua y la posibilidad de comunicación con las Minas de carbón de Quirós, Teverga y Langreo, y también se mencionaban algunas de hierro de lugares próximos (Báscones, Berció, Castañedo del Monte), así como también con la idea fallida de comunicación por río. El desarrollo a partir de 1844 con la llegada de Elorza (estuvo hasta 1863) y en relación con el horno alto funcionando en 1848 ha sido ya comentado. En 1850 se crea la Escuela de Aprendices, y se traen diversos expertos en hornos y moldeadores como Joseph Bertrand o Julio Puyh.

En 1855 se decide construir la fábrica de armas ligeras en el convento de Santa María de la Vega en Oviedo. La fábrica de armas de la Vega comenzó a funcionar en 1857, sobre el antiguo convento de 1153, trasladando las instalaciones que se habían puesto en el Palacio del Marqués de San Féliz en 1794, lugar en el que entregaban los maestros armeros las piezas fabricadas en su domicilio para control por el Cuerpo de Artillería. La fábrica acabó siendo prácticamente autosuficiente, disponiendo de central térmica, fundición y forja, tratamientos superficiales y de madera y creando una Escuela de Artes y Oficios, funcionando con un control del personal bastante importante.

Fábrica armas de La Vega

Fábrica de armas de Trubia

Todo el sector contribuyó al desarrollo industrial, poblacional y cultural (Alas L., 1884 y 1885) del entorno de Oviedo y a la comunicación por ferrocarril, el Vasco Asturiano y del Norte.

4.3.2. Sector metalúrgico. Zinc

La Real Compañía Asturiana de Minas (RCAM) se constituye en 1833 promovida por el ingeniero belga Nicolás Lesoinne y españoles como Joaquín María Ferrer con la innovación de usar explosivos en la extracción de carbón junto a otros métodos de extracción. Debido a las dificultades de productividad se incorpora Adolphe Desoignie en 1838 que mejora la producción, pero vuelve a bajar en 1851 por la calidad, y se decide dejar el uso del carbón de Arnao para coquización y dedicarlo a la metalurgia del zinc. (w^3.ec), aplicación que se ha tratado en la sección 1.2.b. Se ha señalado que la RCAM junto a la Sociedad de Minas de Siero y Langreo, fueron las primeras empresas mineras con una conformación propiamente industrial. (Nadal J. , 1975).

El inicio de la metalurgia industrial del zinc en Arnao por la RCAM promovido por el nuevo director General Jules Hauzeur se abre paso aprovechando la necesidad de carbón para la reducción de calamina y blenda guipuzcoanas. En 1855 se produce la primera colada con calamina de Guipúzcoa, y después en el entorno de Avilés se desarrolló la tecnología para el aprovechamiento del cinc, trayendo tecnología de Bélgica y generando un beneficio para diversos sectores regionales, fundiciones, constructores de horno, vidrio, acero… Fue muy importante después el descubrimiento en 1856 de la mina de Reocín (Cantabria) que empieza a funcionar el siguiente año, dando un empuje europeo a la RCAM. Para la mina viene de Riosa Denis Thiry y para la dirección de la fábrica viene de Alemania Bernard Emile Schmidt. En la visita de la reina Isabel II el director es James Payne y en 1863 se construye un tren de laminado.

En el último cuarto de s. XIX aumenta la producción de zinc con mayor competencia y nuevas mejoras tecnológicas que algunos denominan una 2ª Revolución industrial, basándose la RCAM en mineral de Reocín. Para la fábrica de plomo de Rentería se precisó traer galena de Linares y la Carolina. El transporte resultaba muy importante desarrollándose puertos y la necesidad de vapores, ferrocarriles y la realización de puentes y túneles. La mina de Arnao garantizaba las necesidades de carbón para los hornos de zinc a finales del siglo, pero el riesgo de filtración de agua salada y la inundación de 1905 hizo que se clausurase en 1914.

Por otro lado, la substitución de óxidos y carbonatos por mineral sulfurado (blenda) más profundo va requiriendo mayor tratamiento. En particular de tratamiento previo, separando las menas de Zn y Pb de la ganga (o estériles conteniendo Si, Ca) de la pirita de Fe y Cd, y a continuación también la tostación del sulfuro a óxido, generando SO_2, fuente para la obtención de ácido sulfúrico. La RCAM dio lugar a la creación de Asturiana de Zinc (aportando el 40% de participación, directivos comunes y el suministro de materiales tostados), constituida en 1957 produciendo a partir de 1960 zinc electrolítico. (García J.R., 2017).

4.3.3. Fertilizantes, productos químicos y refractarios

Fertilizantes

En Asturias el paso del sector explosivos al de fertilizantes fue lento. Alrededor de 1880 se produce el final del guano que aportaba abonos básicos (nitratos y potasas) y la aparición de abonos más elaborados como superfosfatos, sulfato amónico y escorias básicas. Los superfosfatos, que se obtienen tratando fosfato cálcico «fosforita» con ácido sulfúrico, que era residual de la fabricación de explosivos, se comenzaron a producir en Guturribay cerca de la fábrica de explosivos de Zuazo, con fosforita que se traía de las minas de Logrosán (Cáceres). La fábrica de la Manjoya se integró Unión Española de Explosivos en 1896, y al separarse el sector químico y de fertilizantes, se crea la Sociedad General de Industria y Comercio (GEINCO) que crece en la primera década del s. XX. En 1904 se abre el taller dé ácidos y la fábrica de superfosfatos en la Manjoya; en 1908 se compran las minas de potasas de Navarra y posteriormente para disponer de fosfatos la mina de Cáceres, y ya más adelante compran en Argelia, Marruecos y Túnez. (González J.M., 2004).

Inicio del Sector Químico

Se ha indicado en la sección 1.2.b. que la fabricación de sulfúrico en 1749 se inicia vinculada con su uso en el poderoso *sector textil* que ya había tirado del desarrollo de las máquinas de vapor, usándose para el blanqueo y preparar tintes. El **textil** tradicional, como el lino en Asturias y el surgimiento del algodón en Cataluña precisaban, aunque en distinto nivel productos químicos

Viejos edificios La Manjoya «El Fulminato»   Absorbedores de gas

como alumbre (sulfato de aluminio y potasio) y caparrosa (en forma artificial es sulfato de hierro) y carbonato (obtenido tradicionalmente como residuo alcalino de cenizas vegetales) para el enjebe textil. En Asturias se traía sobre todo de afuera, a pesar de los intentos de obtención de la sosa como residuo alcalino de la calcinación de vegetales. Hasta 1830 aproximadamente las fibras textiles eran lana, seda y el lino, pero entonces la ropa empezó a hacerse de algodón importado, más uniforme, fácil de trabajar y barato. El lino, que era un producto conocido desde la prehistoria, de zonas húmedas y arraigado en Asturias, se convirtió entonces en artículo de semilujo (López J. P. M., 1993). Se fue hundiendo el sector linero y el algodonero tardó en emerger, hasta 1901 con la entrada de la Algodonera en Gijón.

Una industria química precursora interesante fue el resultado de los experimentos en Paris en 1816 de Henry Braconnot de saponificación mediante cal (seguida de lavado con sulfúrico) de la estearina extraída de sebo mediante trementina, que dio lugar a un substituto de la cera, que quema sin residuos ni olor. Dio lugar a un proceso industrial, montándose en 1849 en Gijòn la empresa La Estrella para su fabricación, partiendo también de grasas vegetales. (Nadal J. , 1975). Como es evidente, no obstante, la fabricación de explosivos y a continuación los fertilizantes fueron las mayores contribuciones a final del siglo del sector considerado «químico» (Sección 4.3.1.), siendo también el sector químico más importante en España hasta mediados del siguiente siglo, en que surge el sector petroquímico. Posteriormente se ha diversificado, también en Asturias (Díaz T., 2019) , con tendencias difíciles de globalizar a todos los sectores (Díaz M. (coord), 2006) . .

Refractarios

En Asturias la historia de los materiales refractarios ha evolucionado en paralelo con el desarrollo de la industria metalúrgica, en particular siderúrgica, debido a la necesidad de resistir altas temperaturas, que se mejoran después con el conocimiento del equilibrio o diagrama de fases de óxidos utilizables, mencionados en el apartado 1.2.b.

El desarrollo de los hornos altos de Sargadelos (1791) Casado y Torres (1792), Trubia (1796), Mieres, la Felguera y Moreda (en la 2ª mitad del s. XIX), precisaron la protección de materiales refractarios para los distintos procesos como la cocción, calcinación, clickerización, afinación y el movimiento entre esas operaciones que no es sencillo para ser eficiente. El sector siderúrgico puede consumir algo más del 50% de los refractarios y el resto en su mayoría se utiliza para los no metales, vidrio cemento, cal y cerámica tradicional. Duro Felguera constituyó la Fábrica de Ladrillos Refractarios, la primera de España en el sector, y el desarrollo del sector refractario en Asturias cristaliza en el s. XX como el mayor productor a nivel nacional. Posteriormente se abrieron otras, como Cerámica del Nalón en 1920 que sigue funcionando actualmente, en lo que sigue siendo un importante sector.

En el sector del ladrillo ha habido bastante diversidad. Como ejemplo, Cerámicas Guisasola fue fundada en 1868 para la fabricación de tejas y ladrillos en Cayés (Llanera) y, entre otros, destaca la Teyerona fundada en 1890 en la Felguera (después Refracta) que fabricó ladrillos refractarios (hay una conexión evidente entre ladrillos y refractarios), pero que cerró en 1991.

4.3.4. Cemento, cal, vidrio y cerámica

Cemento

La última década del s. XIX era un momento de grandes proyectos, no sólo en el sector del carbón y la siderurgia, sino también en los sectores de la electricidad, transporte, naval, químico y alimentario. En Asturias la primera fábrica con el proceso Portland (ver sección 1.2.) fue la Sociedad Anónima Tudela Veguín fundada en 1898 por la Sociedad Masaveu y Cia, apoyándose en su disponibilidad financiera. Posteriormente dado el elevado consumo de carbón decidieron participar en la explotación minera de Valdecuna y Hulleras de Veguín y Olloniego.

Cal

Los *caleros* antiguos han estado en Asturias distribuidos en un elevado número, varios cientos, por toda la región (Garcia J-L, 2009). La introducción de la cal como abono había sido recomendada por Jovellanos en 1781 dada la insuficiencia de estiércol (las disputas por abonos eran muy importantes) y tal como se hacía en otras partes. La cal resultaba adecuada para muchos **terrenos** y en el año 1800 el encalamiento estaba generalizado en el centro de la región, aplicándose sobre todo en el otoño después de la recogida de la cosecha; se recomendaba 1 tonelada de cal viva/ha para tierras sin cal. Se utilizaron también minerales de carbonatos de calcio incluyendo los que incluyen arcillas (margas sedimentarias) y yesos que escaseaban en la región. Las primeras canteras de yeso ($CaSO_4.2H_2O$) se mencionan en el s. XVI en Llamaquique (Oviedo) usadas en construcción y revestimientos (previa eliminación del agua de hidratación por calentamiento), y citadas también por Schultz en el s. XIX. Ahí se construyó la fábrica de yesos El Progreso a finales de la década de 1880, y en Gijón La Primitiva fue fundada en 1858.

En 1791 Jovellanos señalaba las grandes cantidades de carbón que se utilizaban por los caleros y dueños de obras. Incluso entre las ventajas que aportaría la carretera carbonera a Gijón señalaba la oportunidad que daría el aporte de carbón a las fábricas de cal, teja y ladrillo, dada la elevada calidad de la caliza disponible en la región. Alrededor de 1830 comenzaron a usarse en Asturias

Caleros: Intermitente Folgueras (Naranco) Contínuos: Llugarin (Villaperi) y Deva (Gijón)

hornos contínuos substituyendo a los de marcha intermitente para «cocer la cal». Las fábricas de cal, en particular de cal hidráulica empezaron a ser usadas en el s. XIX para hacer baldosas y mosaicos. El uso de cal como abono recibió a principios del s. XX la competencia de abonos de fosfato, y otros productos químicos, comenzándose la fabricación de ácidos en la Manjoya.

Otro uso tradicional de la cal, ya desde la época bíblica, era para el **blanqueo** de las casas por motivos estético, así como por higiene, recomendándose en disposiciones administrativas, incluso de obligatoriedad en el s. XIX. (Garcia J-L, 2009). También se recogían en medidas preventivas contra epidemias y enterramientos en forma detallada por el gobernador civil (1882). La cal se usó sola o con otros preparados (por ejemplo, azufre) por los **agricultores** para tratar muchas enfermedades de árboles y cultivos, como el tizón del trigo, el pulgón de frutales, para el castaño, el silfo de remolacha, o la filoxera de la vid. También conviene señalar el uso en la **industria**. Así se requería un 3% aproximado de cal respecto al azúcar producido durante la limpieza del jugo, unas 313 toneladas se habrían requerido en la Azucarera de Veriña. Aunque Asturias disponía de la caliza y el carbón, materias primas para fabricar carburo cálcico, no llegaran a ejecutarse las iniciativas para su fabricación aquí, enviándose materias primas a las dos fábricas establecidas en Galicia. En las tenerías, la cal se usaba para ampliar la porosidad de la piel, antes del curtido y el apresto. En Asturias había 65 pequeñas tenerías en 1888 que compraban la cal a las caleras. Asturias exportaba cal común en particular a Galicia e importaba cal hidráulica por ejemplo de Guipuzcoa (ver Sec.1.2.b.).

Vidrio

Felipe V promovió el establecimiento de la Real Fábrica de Cristales en la Granja de San Ildefonso (Segovia) a mediados del s. XVIII. En Asturias en 1844 se ponen en marcha dos instalaciones:

i. En Avilés en el barrio del Arbolón la fábrica La Vidriera promovida por Antonio Orobio que trajo especialistas de Bélgica y que fabricaba vidrio plano, tejas para lucernarios y vidrios de colores (en Avilés la industrialización había comenzado en Arnao en 1833).

ii. En Gijón la fábrica de vidrios La Industria fue promovida, entre otros, por Anselmo Cifuentes (Gijón 1833-1892), dirigida por el suizo Luis Truan (1799-1876), (Marcos E., 1991) que producía vidrios de colores, siendo derribadas sus instalaciones en 1954 (w³.hb).

Posteriormente:

i. En Avilés en 1883 se funda la Vidriera Ibarra Galán y Cia en Sabugo que llega a 80 operarios al final de siglo, fabricando vidrio plano y habiendo traído algunos especialistas (manchoneros) de Bélgica y Holanda.

ii. En Gijón en 1900 se crea la sociedad Gijón Industrial por dos indianos de Cuba, posteriormente en 1915 pasa a llamarse Gijón Fabril S.A. para fabricar vidrio plano y botellas, que cerró en 2016.

En el s. XX se produce la incorporación de empresas de vidrios en la multinacional St Gobain en sucesivas etapas. Basilio Paraíso con St Gobain crean en 1905 Cristalería Española (CE). En 1912 CE incorpora la compañía General de Vidrieras Españolas, absorbiendo entonces a Gijón Fabril. En 1952 CE inicia la producción de vidrio plano en Avilés. La historia de Bohemia Española (vidrio artesanal) en Gijón empieza muy posteriormente en 1939 y termina en 1994.

Cerámica

Las producciones de *alfarería* asturiana se dedicaron sobre todo al comercio local, y solían utilizar técnicas antiguas. La cerámica de Miranda de Avilés se cita antes del s. XV, en particular en el palacio de Valdecarzana. También se menciona la alfarería en documentos del s. XVII el Archivo notarial de Oviedo (1640) y Archivo Histórico Provincial de Oviedo (desde 1669); y como industria del barro negro por Sebastian Miñano en el Diccionario geográfico estadístico de España y Portugal de 1826.

Se citan como importantes algunas cerámicas, por ejemplo la cerámica de Faro (Santa María de Limanes) en el Catastro del Marqués de la Ensenada de 1748 (se dice también que en las crónicas de Pelayo) fabricando ollas y vasijas de barro, y la de Llamas de Mouro que se presenta en el s. XX. Se conocen otros alfares desaparecidos después como El Rayu en Siero, o de Ceceda mencionada por Jovellanos.

Torno de alfarero   Piezas de cerámica: Faro. Llamas de Mouro

Hay un sector bastante disperso a final de siglo, con sus hornos, de yesos y cal, también de baldosas y losetas, en que participaron las empresas mencionadas anteriormente, así como en la fabricación de ladrillos y tejas.

Loza.

Se mencionan fábricas de loza fina en Miranda creada en 1781 por Díaz Valdés con un socio inglés, y también en el Marcenado citada por Jovellanos. La loza tuvo un importante crecimiento a finales de s. XIX. La fábrica de loza La Asturiana se creó en el Natahoyo, cerca de la cervecera La Estrella de Gijón, en 1876 promovida por Mariano Suárez-Pola (1800-1844) que también había promovido la de vidrios La Industria. Llegó a tener más de 300 trabajadores y más de 200 cv de motores de vapor. En el s. XX pasó a Porceyo como Porcelanas del Principado y cerró en 2008.

En 1901 se crea la Fábrica de Loza de San Claudio contando con un ramal en la línea Oviedo-Trubia. Fueron fabricantes sobre todo de vajillas llegando su actividad hasta 2009.

4.3.5. Fundiciones

La presencia de materias primas, el desarrollo industrial (económico y poblacional) y otros factores como la expansión del ferrocarril impulsaron otras industrias. Un ejemplo son las fundiciones.

Muchas empresas creadas en la segunda parte del s. XIX llegan hasta finales de los años setenta del pasado siglo. Por ejemplo, la fundición La Begoñesa se crea en 1850, pasando a denominarse Julio Kessler y Cia en 1857, director que le aportó la fabricación de vajillas de hierro aporcelanadas y que pasó ser denominada Laviada y Cia en 1894. Posteriormente en 1950 se fusiona con la empresa de vidrio La Industria, bajo el nombre de Industria

Fábrica de Moreda

Fabrica de Loza La Asturiana

Fabrica vidrio (Cifuentes Pola)

y Laviada, que acaba cerrando en 1982. Anselmo Cifuentes participó en la creación de la fundición Cifuentes, Stoldtz y Cia (que se integró en Duro en 1940) entre otras empresas (incluyendo el diario el Comercio) y potenció el puerto de Gijón.

La fundición y transformación. La fábrica de Moreda y Gijón se expandió después de su compra en 1895 por la Soc.Ind. Asturiana Santa Bárbara. Ya en el s. XX se especializó en el trefilado de alambre, siendo un motor siderúrgico principal ya en el s. XX y participando en las fusiones que pasaron a formar UNINSA y ENSIDESA. Como sector auxiliar, en 1876 se había creado la Fábrica de Aglomerados Pola y Guilhou para tratar carbones menudos.

4.3.6. Gas y electricidad

En 1812 se crea en UK la primera empresa para aprovechar los **gases de la destilación de hulla**, extendiéndose su uso en una década por todo el pais, substituyéndose las farolas de aceite por las de gas (Barca F.X., 2013) .

Vela de estearina

Gasómetro

Central de La Malva

Carburo

En 1842 llegó la iluminación con gas a Barcelona, a Oviedo en 1859 con la Fábrica de Gas y Electricidad como principal proveedor, para iluminación y para la Fábrica de Armas, cesando su actividad en 1985. En Gijón, en el barrio de la Arena se debe mencionar la Fábrica de Gas inaugurada en 1870 que pasó a ser la Cia Popular de Gas y Electricidad en 1901 y que se integró en Hidroeléctrica del Cantábrico en 1942.

En la primera mitad del siglo XX tuvo importancia la iluminación con luz de **acetileno** C_2H_2, generado al añadir agua al carburo cálcico CaC_2 (fábrica en Corcubión 1915) que tuvo éxito en Asturias y noroeste peninsular debido a la dispersión de la población, y a pesar de que ya se desplegaba la electricidad.

En España, en 1852 se dice que el farmacéutico Domenech pudo iluminar con **electricidad** su farmacia, que en 1875 pudieron iluminar las Rambla y en 1878 la Puerta del Sol mediante una dinamo, pasando después a la electrificación industrial de España. La Sociedad Española de Electricidad fue la primera empresa eléctrica, en 1885 en una Real Orden se prohíbe el alumbrado de gas en teatros, que debe ser eléctrico. En Asturias entre 1858 y 1870 se crean las primeras empresas eléctricas la Sociedad Comanditaria González Alegre y Polo, y la Sociedad Menéndez Valdés. En 1881 se instaló en Sotres una pionera red de alumbrado público en España, en 1895 la primera central hidroeléctrica La Luz del Sella y en 1915 se crea la central de La Malva en Somiedo que sigue todavía funcionando.

4.3.7. Sector alimentario

La mayor parte de los alimentos hasta el s. XIX se consumían directamente (salvo quizás los granos), ya que el problema era sobre todo el de la conservación. Las herramientas disponibles para ello eran la sal, azúcar, vinagre, aceite o secado. La disponibilidad de energía permitió también la incorporación de maquinaria en sectores alimentarios, y en particular en aquellos en los que se requiere vapor como elemento de esterilización. El crecimiento industrial hizo que a finales del s. XIX Asturias fuera la primera provincia en salazón de manteca y escabeches, entre las tres primeras en salazones, embutidos y conservas de carne y pescado, y de las siete primeras en cervezas y gaseosas (Nadal J. , 1975). Se indican a continuación los sectores con mayor importancia y las tecnologías que se han ido introduciendo.

i. Sector lácteo

Hasta el s. XVIII existía ya un «saber hacer» de la producción de leche, mantequilla, nata y queso. En ese siglo se pasa de ganadería sobre todo ovina a vacuna, con crecimiento de la población y reducción de los cereales menos rentables. Asturias se especializa en manteca, batiendo las natas de la leche (completamente manual), con venta hacia Madrid mientras la leche líquida se consumía en el centro de Asturias. En 1827 se introduce como nueva tecnología locomotora del sector lácteo, la salazón de manteca y el envasado primero en madera, después en latas, llegando comercialmente a Andalucía y América por el puerto de Gijón. Se llegó a producir en Asturias el 75% del total de España. Las fábricas compraban las mantecas a los agricultores. La venta de lácteos, habas y avellanas permitía comprar cereales, siendo los empresarios en general diferentes de los siderúrgicos. (Langreo A. , 1995). En Santander se producía también leche condensada y harinas lacteadas. La empresa Arias se creó en 1848 en Corias de Pravia para la fabricación de mantequilla; se dice que es la más antigua que llega a nuestros días. En 1907 se crea la lechera de Cancienes (Sevilla J., 2008) .

El problema principal de la mantequilla era su enranciamiento, que podía producirse por (i) rotura hidrolítica de los triglicéridos hacia ácidos grasos y glicerina (debido a lipasas presentes o generadas por microorganismos), o

Mantequilla, Asturias   Batidora tradicional de nata   Desnatadora alemana (1893)

(ii) por oxidación de los dobles enlaces insaturados, formándose peróxidos que se polimerizan y se descomponen en cetonas, ácidos y aldehídos (como epihidrinal), cetonas y ácidos. Estos procesos son acelerados por la luz, calor, humedad, ácidos grasos, utilizando como catalizadores óxidos de Fe y Cu (Langreo A., 1995), lo que ha influido en la distribución y el mercado real antes del s. XX.

Hasta 1920 no se introducen aquí las desnatadoras centrífugas que separan la nata por centrifugado en lugar de dejarla subir a la superficie. Habían sido patentadas en 1878 por Gustaf de Laval, y comenzadas a comercializar en 1893, más de treinta años antes de su introducción en Asturias.

La mayoría de los **quesos** en España eran tradicionalmente demasiado blandos y poco duraderos. En el s. XIX, el manchego, más seco, fue el primero presente en el mercado nacional. Respecto a Asturias, de los quesos a finales del s. XVIII, Jovellanos menciona el Cabrales y el Casín debido a ser el único queso asturiano curado y endurecido, más apto para el transporte (López J, 2000). La evolución fue lenta, mencionándose a finales del s. XIX una fábrica en Cabrales que cuidaba la maduración. Después se prueba la obtención de quesos de tipo europeo promovida por vendedores de cuajo y fermento. También se comienza a procurar el suministro de leche líquida a las ciudades, aunque se trata de industrias dispersas. Las transformaciones se deben a la mejora de limpieza en todo el proceso, en la substitución de barriles de madera por latas y en el s. XX se globaliza en las CIP (García LA, 2011).

ii. La sidra (y vino)

La sidra merece especial consideración cultural en Asturias. Mencionada por Estrabón en nuestra región, así como en la fundación de la ciudad de Oviedo del año 781, en el fuero de Avilés de 1115, o en la obra del historiador

Luis Alfonso de Carballo del año 1695. En 1785 se exportaba desde el puerto de Gijón a Andalucía y las Indias. El crecimiento económico generado, hace que se multipliquen los *llagares* caseros (ver proceso en sección 1.2.b.) promoviendo otros sectores que eran necesarios (toneleros, herreros, carpinteros…) y en particular en el s. XIX la industria vidriera. En 1827 parece que empieza a embotellarse y en 1844 la empresa La Industria comienza a fabricar la botella verde, mejorada en 1880 con el molde de hierro, empresa que también fabrica los vasos sidreros (w[3].gc).El crecimiento del sector sidrero industrial es importante (García L.B., 2020), así la Real Sidra Asturiana Cima de Colloto se crea en 1875, Valle Ballina y Fernández (El Gaitero) en 1890 empieza a «champanizar» para mejorar la conservación, y hay un número creciente de industrias en el s. XX.

Vino. En Cangas de Narcea existe documentación del cultivo de la vid desde la Edad Media siendo la principal riqueza a finales del s. XIX., promovido sobre todo por el monasterio benedictino de San Juan Bautista de Corias (1032). En el Catastro del marqués de La Ensenada de 1752 se indica que había 350 ha de viñedo y 68 lagares, cantidad inmutable hasta principios del s. XIX. Hubo bastante esfuerzo para evitar la entrada de vinos forasteros, con un privilegio vigente desde el s. XVI. Jovellanos acudió a la vendimia en 1796 invitado por el conde Marcel de Peñalba. El privilegio desaparece en 1834 con los liberales (Alas L., 1884 y 1885) (Gómez J., 2022). Existían vides en otros municipios en particular próximos, y todos tuvieron que afrontar la llegada de plagas. La plaga de oídium (hongo) en la cornisa cantábrica llegó en 1853 combatiéndose después con azufre. En 1893 aparece la plaga de filoxera (insecto) que se combatió descepando las autóctonas y replantando con cepa americana injertada en las del pais. El sector minero substituyó la economía de la vid después del primer tercio del s. XX.

Prensa y toneles (sidra)   Botella y vaso   Monasterio de Corias

iii. Las cerveceras

Las materias primas son la malta (semillas de cebada germinadas), lúpulo (que da aromas) y agua. La mezcla es tratada a temperaturas intermedias y después de la filtración, se recoge el líquido que se lleva a fermentar con especies del género *Saccharomyces*) durante unos 10 días al cabo de los cuales se filtra separando las levaduras y obteniendo la cerveza comercial (Pandiella S., 1995). Las dos empresas fundamentales han sido:

i) La Estrella de Gijón fundada en 1893, que fabricó cerveza, gaseosas con marcas como Gaseosa Rosy y Sifones la Pipa, así como hielo y que acabó cerrando en 1974

ii) El Águila Negra, de Colloto, fue fundada en 1898 (por socios suizo y español) reconvirtiendo la antigua fábrica de sidra champán, que fueron substituyendo por cerveza, trayendo maestros cerveceros de Centroeuropa. Desapareció en 1993 (se espera que el edificio sea la sede de la Agencia del Agua).

Estrella de Gijón   El Águila Negra (Colloto)   Azucarera de Pravia

iv. Otras bebidas

Las aguas carbónicas, **sifones,** datan del s. XVIII producidas primeramente por empresas «farmacéuticas», con su botella característica. Las empresas se multiplican en el s. XIX llegando a haber más de 200 en Asturias a principios del s. XX, una de ellas La Espumosa estaba en la Tenderina.

Los **licores** o destilados que se obtienen por destilación en alambiques con granos o frutas fermentados, se consumen en España al menos desde el s. XVII. La saga de destilados de los Serranos va hasta 1880, y en 1895 fundan en Oviedo Anís de la Asturiana marca de referencia en España junto a la catalana Anís del Mono, con muchas marcas posteriores como Anís la Praviana o Los Serranos y cuya actividad llega a nuestros días en activo.

v. Las azucareras

Parten de remolacha y se extrae el azúcar con agua a unos 80°C; la pulpa restante se vendía para alimento de ganado. El jugo se filtra, carbonata, se filtra de nuevo y el jugo purificado se concenta desde el 12% hasta el 60% de materia seca por evaporación (se elimina también el Ca), se granula, centrifuga y seca totalmente.

Las principales azucareras han sido:

i) La de Veriña que se creó en 1894, fue absorbida en 1903 por la Sociedad General Azucarera y cerró en 1957;

ii) La de Pravia que se inauguró en 1900, tras la guerra de Cuba de 1898 (con maquinaria alemana, capacidad para 350 toneladas/día de remolacha del entorno); estaba conectada a ferrocarril y cerró en 1903 debido a la competencia y costes de producción. En realidad, hasta 1957 se llegaron a constituir hasta 5 azucareras (w^3.mb), entre ellas también en 1898 la Azucarera y Destilerías de Lieres.

vi. Chocolate, café y achicoria

El puerto de Gijón fue muy importante en la exportación de manteca salada que era el segundo producto de exportación, y se importaba cacao lo que explica la implantación de **fábricas de chocolate** (Prieto C., 2015). Ya en el s. XVIII citaba Jovellanos el chocolate en sus diarios habiendo al menos 29 fábricas en Asturias, que elaboraban también bombones, turrones, o incluso podían tostar café. Evidentemente eran muy locales, por ejemplo J. Fernández Flórez, Cangas de Narcea (1795). Daban ocupación a un número importante de trabajadores y se localizaban próximas al consumo y si era posible a puertos desde Ribadeo a Llanes, por donde llegaba también azúcar americano. El cacao se tostaba (para dar sabor y aroma), se descascarillaba, una vez limpio se trabajaba la pasta, se añadía azúcar y especias, e introducía en moldes colocándose en una zona fría. La fabricación mecanizada comienza en 1853 con la Perla Americana en Oviedo.

Los tostaderos de **café** han sido también frecuentes, La flor de Tibes se remonta a 1886 en Pravia y en Oviedo llegando a producir más de 1000 kg en el s. XX. A finales del s. XIX se abrió en Gijón la primera fábrica de **achicoria** El León Holandés.

vii. Sector carnicero

La matanza tradicional de animales es un tema de importancia antropológica, de siglos, que llega hasta el siglo pasado, al menos (Hernández C., 2024). La elaboración chacinera estaba muy extendida, Tineo ha sido uno de los concejos importantes (w^3.ac). A nivel industrial en el sector chacinero,

Noreña   Candás, fachada de Albo

podemos señalar la creación en 1875 por Justo Rodríguez en Noreña (donde fue alcalde un cuarto de siglo) de la Fábrica de la Luz que introdujo nueva maquinaria, y que en el s. XX exportaba a Cuba Venezuela y Mexico. Fue también el germen de otras fábricas de embutidos y matadero en Noreña, que le dio carácter hasta el día de hoy.

viii. Fábricas de conservas

Las fábricas de conservas en el s. XVIII fueron un núcleo de introducción de nuevas tecnologías. En el siglo XVII en los puertos asturianos destacaba el comercio de **escabeches**, de besugos, congrios, sardinas y a partir del s. XVIII bonitos. Las operaciones eran el lavado/desescamado, picado, fritura en aceite en caldera de cobre e introducción en barriles de madera con vinagre y laurel seguido de cierre, precisándose por tanto toneleros también. En 1631 la sal había pasado a ser monopolio real y en el s. XVIII a la **salazón** tradicional de sardinas se incorporó el prensado, pudiendo aprovecharse los aceites (w³.fb).

La primera fábrica de conservas de España, en barricas de madera y botellas de cristal se abrió en Gijón en 1828 por Francisco Alvargonzalez y Zarracina, su hijo Mateo ya usó la de hojalata. En Candás la primera factoría fue La Flor en 1889. La primera fábrica de hojalata en Asturias se estableció en San Juan de Parres en 1804 de iniciativa estatal destruida después por las tropas francesas y por inundación. El despegue fue mayor a partir de 1880 con la ampliación de las artes de cerco, que habían sido promovidas por las necesidades de sardinas para los fabricantes de conservas de Gijón, Avilés, Candás y Luarca. Se introduce el filete de anchoa (semiconserva) primero en mantequilla, después en aceite de oliva, inicialmente en Santoña. En 1900 Asturias es la primera región en escabeches, segunda en salazón y conservas alimentarias. Se desarrollan también tecnologías para envases, troqueladoras y soldaduras. (Ocampo J., 2002).

ix. Productos de limpieza

Hasta el s. XX no parece que hubiese fábricas de jabones industriales en Asturias, aunque debían fabricarse en la mayoría de las casas de forma artesanal con ceniza de leña y sebo de vaca o carnero, aunque parece que sí se vendían procedentes de otras regiones (cap. 1.2.b). El jabón heno de Pravia se crea por la empresa Gal en Madrid en 1905.

Las fábricas de lejía tienen un gran desarrollo con muchas marcas ya en el s. XIX (La Ovetense, la Gijonesa…) pero sobre todo se multiplican en la década de 1920 (cap. 1.2.b)

4.3.8. Curtidos, textil y litografía

i. Curtidos

Separados el pelo y carne de la piel, esta se trataba con cal (Cap. 4.3.4.); se le da elasticidad y resistencia mediante el curtido (sobre todo con cromo, antiguamente también vegetal), después se engrasa. Hay documentación de operaciones artesanales de pieles desde antiguo, en Noreña, donde parece que además había fabricación de zapatos desde el s. XVI (también en Pimiango). En el entorno del s. XIX se crean dos importantes fábricas de curtidos:

i) En Vegadeo la fábrica del Campo creada por Pedro Zabala en 1823 con hornos y aprovechando el agua del rio Suaron.

ii) En Avilés, ya en 1901 por los hermanos Rodriguez Maribona (José y Francisco) que habían regresado de Cuba, se crea la Fábrica de Curtidos Maribona Hermanos, lo que ahora es la nave de la Curtidora. Los hermanos Maribona se involucraron también en las azucareras de Veriña y Villalegre.

Ambas forman parte del Patrimonio Cultural de Asturias, elemento muy importante para consultar nuestra historia (w³.hc).

Fábrica de Curtidos de Vegadeo

La Curtidora

ii. Textil

En Gijón, el barrio de la Calzada se comenzó a industrializar ya a finales del s. XIX y sobre todo en el XX. Ahí se situó la Algodonera en 1899 la primera de Asturias del sector textil y que cerró en 1967. También la fábrica de sombreros La Sombrerera se creó en 1901 en la que llegaron a trabajar 200 personas (w^3.jc), cerró a finales de la década de 1950. La evolución general del textil se ha mencionado en la sección 4.3.3.

iii. Industrias auxiliares. Litografía

El desarrollo industrial generó muchas industrias auxiliares Un ejemplo fue la litografía originada en 1796 (dibujar en piedra con tintas grasas, tratamiento y entintar las partes dibujadas para imprimir con ello papel). Aunque presentada en Asturias en 1834, no se instala hasta 1847 en Trubia de la mano de Elorza como elemento complementario del desarrollo siderúrgico, que pasa después a Oviedo (1855), Gijón (1858) y Candás para las industrias conserveras.

En Gijón, el sector litográfico puede representarse por Metalgráfica Moré pionera del sector, localizada en el barrio de la Arena. En la extensión de este barrio se creó en 1844 la fábrica de vidrio La Industria, ya mencionada y operativa en las afueras hasta 1983. Alfredo Truan (1837-1890) fue otro de los introductores de la litografía reproduciendo con ella fotomicrografías de diatomeas, lo que está recogido en el Museo de Historia Natural.

4.3.9. Tabacos y madera

La Fábrica de Tabacos. Se creó en 1822 promovida por el ministro Canga Argüelles en Cimadevilla, llegando a tener 1500 trabajadores (sobre todo mujeres) que con una población en Gijón de 24000 personas cambió las costumbres locales. Introdujo nuevas maquinarias, en particular de picadura de tabaco en 1861 y una importante mecanización en general. Fue cerrada en el año 2002.

Las industrias de madera. Por mencionar alguna, la compañía Gijonesa de Maderas con sierras mecánicas y trabajando con importación de maderas (creada en 1875 como Maderas Demetrio Fernandez et al); otra fue Maderas Posada creada en 1880 y que pervivió hasta mediados de s. XX.

El desarrollo industrial en Gijón en la segunda parte del s. XIX se realizó con un importante papel financiero regional y apoyo tecnológico exterior, aprovechando el empuje del carbón y siderurgia (Alvargonzález R., 1998), (Piñera L.M., 2023), y como en el caso de Oviedo configuró su urbanismo. Muchas de estas actividades fueron inmortalizadas por algunos de los más importantes pintores asturianos.

Hórreo /Naranco (1891)
Darío de Regoyos (1857-1913)

El muelle de Gijón en 1906
Nicanor Piñole (1878-1978)

Elegantes de Gijón 1917
Evaristo Valle (1873-1951)

4.3.10. La importancia de los puertos

El puerto de Avilés tuvo una importante actividad en la época medieval, con el monopolio de la sal en el s. XII y también para el transporte de lana, lino y madera desde Castilla, reduciéndose entre el s. XV y s. XVIII por la acumulación de arena. En el s. XVIII la importancia pasa a ser del puerto de Gijón como aduana y suministro a la región y en s. XIX crece algo la actividad de Avilés para pasajeros. El puerto se remodela por el proyecto industrial en Arnao de la Real Compañía de Mina que usa la Dársena de San Juan de Nieva para el tráfico de carbón, y el movimiento se mueve después de los muelles locales a los de Raíces.

El **puerto de San Esteban de Pravia** es conocido desde la Edad Media con diversas actividades comerciales, como el transporte de sal entre el puerto y los alfolíes de Pravia, en el s. XVIII trabaja con madera y después con carbón de Langreo y armas de Trubia. En 1899, se crea la empresa de Ferrocarriles Vasco-Asturiana para llevar carbón del valle de Turón al puerto de San Esteban de Pravia comenzando a funcionar en 1904/8 y se convierte en importante puerto carbonero. Hay muchos otros puertos que tenían una actividad fundamentalmente pesquera como Luarca, Candás, etc.

El **puerto de Gijón.** En la Edad Media constituía un pequeño puerto de cabotaje al oeste del cerro de Santa Catalina. La primera dársena de 1595 destruida en 1749, se reconstruye a principios del s. XIX; en 1864 se hace la dársena exterior y en 1870 el Muellin y la lonja, la Rula. Respecto al Musel, existen cartas antiguas como el Portulano de Mateo Prunes de 1539 indicando el interés portuario de la zona y Jovellanos promovía en 1784 obras para su implantación como abrigo. A partir del Reglamento de la Ley de Puertos de 1852 el ingeniero Salustio González-Regueral propone el puerto en la Ensenada del Musel. Todavía en 1889 se discutían los planes para el puerto mientras se sacaba carbón por San Juan de Nieva. En 1904 se inauguraba la línea de FC Vasco Asturiano del Caudal a San Esteban de Pravia para sacar los carbones. En 1907 entra en operación El Musel, pasando a liderar nuestros tráficos carboneros y siderúrgicos (w3,ha).

Dársena de San Juan de Nieva (s. XIX)   Dársena interior de Gijón, 1884 (grabado)

La construcción naval

Había una larga tradición de carpintería de ribera en diferentes puertos. En Gijón, en la zona del Natahoyo se establecieron varias empresas armadoras, como Oscar de Olavarría y Cia en 1864 que contó con el apoyo de Duro Felguera. En 1887 la empresa Cifuentes y Stoldtz estableció el primer dique seco y casco de acero, que fue absorbida por Sociedad Española de Construcciones Metálicas que añadió talleres de fundición y piezas de maquinaria. La construcción naval pasó a ser una actividad básica en la ciudad en el siguiente siglo.

4.3.11. Crecieron sobre todo en el s. XX

- **Papel**. Existió ya alrededor del 1700 en Castropol una fábrica (La Honradez) de papel de estraza o papel madera, basto sin cola y sin blanquear usado habitualmente para envolver, que pervive a finales del s. XIX. En 1864 Dionisio Thiry planteó una fábrica de papel continuo en Ujo usando esparto en lugar de trapo, pero fracasó por varios motivos, entre ellos las necesidades de $CaCl_2$ para el blanqueo. Así, en Asturias la **industria papelera** potente no se establece hasta la llegada de CEASA (Sniace y Papelera Española) en 1970, fabricando pasta de celulosa por el método del sulfato, primero de pino y después de eucalipto, y a partir de 1999 se convierte en ENCE (w^3.fc).
- La fabricación de **pinturas** y recubrimientos en Asturias no parece haber pasado de la preparación a escala artesanal antes del s. XX. No hay registros de fábricas de pinturas. El gran recubrimiento utilizado era la cal, con gran contribución en Asturias ya mencionada en 4.3.3. que era usada para recubrir de blanco las paredes de las casas y con objetivos también higiénicos.
- En España la producción de **aluminio** no se estableció hasta el s. XX, al principio próximo a centrales hidroeléctrica, en concreto, en 1925

en Sabiñánigo se constituye Aluminio Español S.A. En 1943 se crea ENDASA (con participación del INI del 75%) y en 1945 se proyecta la fábrica de Avilés, produciéndose lingotes de aluminio, y subproductos carbonilla y sulfato de aluminio.

> *Uno debe pasar por la circunferencia del tiempo antes de llegar al centro de oportunidad*
> Baltasar Gracián

5.
A MODO DE CONCLUSIONES

La verdad es hija del tiempo,
no de la autoridad
Francis Bacon *1561-1626*

5.1. Sobre lo que hemos visto

Las sucesivas acumulaciones poblacionales en Mesopotamia, Egipto, Grecia y Roma desarrollaron conocimientos culturales y científicos, con preponderancia de los primeros salvo en lo necesario para esas poblaciones, esencialmente de arquitectura, ingeniería civil y geometría, además de una medicina básica por la necesidad de los grupos de personas con capacidad de decisión. La organización de ciudades en la baja Edad Media promovió el interés en el conocimiento por la iglesia y otras élites, y a partir del Renacimiento en el s. XVII, en Europa hay interés en el conocimiento que puede mejorar la vida. Este movimiento encuentra a España empeñada en su misión en América, con interés apenas en aspectos de navegación y organización militar.

Los años finales del s. XVIII y sobre todo el incremento energético del s. XIX, son el elemento precursor más importante para nuestra región. El desarrollo de la tecnología resultó clave y el fuerte crecimiento de la economía estuvo impactado por la introducción de conocimientos ingenieriles del exterior.

Siguiendo con la experiencia adquirida, la disponibilidad de energía continuará siendo importante, junto a la de agua, unas buenas comunicaciones, disponibilidad de personal técnico y la internacionalización (Díaz M., 2008). La situación de los mercados mundiales nos recuerda que no se debe perder ningún elemento de competencia para seguir viviendo con el nivel de vida que exigimos. La ciencia y la ingeniería jugarán un papel muy importante en esa competitividad por lo que debemos prestarles más atención en forma de financiación y exigencia de resultados. Y debe ser mayor que las de los siglos anteriores, jugando la fuerza de la inteligencia un papel creciente.

Pensando en la oportunidad que dio a la región el crecimiento energético que propició el desarrollo del carbón y la siderurgia durante algo más de un siglo, se puede pensar en si se aprovechó suficientemente, en la forma mejor posible, o si no es el caso, pensar en el aprovechamiento de la experiencia obtenida.

Cuando se mira la distancia entre los temas de investigación en Ciencia en el mundo y en Asturias que hemos manifestado en los s. XVIII y s. XIX, podemos preguntarnos cual es la situación actual. O incluso pensando en que hoy estamos todos más conectados, debemos plantearnos cómo nos comparamos con otras regiones españolas. Lo mismo debería plantearse respecto a la distancia en los temas de tecnología en aquellos campos de interés económico en nuestra región.

5.2. Consideraciones para el futuro.

1. El abandono científico y tecnológico en Asturias hasta mediados del s. XVIII tenía que ver con el aislamiento geográfico y las dificultades para el transporte. El norte de España estuvo en general en la misma situación. Eran el centro y sobre todo sur, las zonas más activas con una relación también con América, aunque sometido todo a la presión angloholandesa. Los movimientos comerciales desde el puerto de Gijón tuvieron una gran importancia para nuestra participación comercial global, como lo ha sido en otros lugares, pero no hubo suficiente capital, estructura y previsión para un futuro en el s. XX que podría haber sido mayor.

2. La necesidad de minerales en los países centroeuropeos a mediados del s. XIX hizo aparecer aquí nuevas corrientes en la segunda mitad del siglo. Ello nos empujó en el aspecto tecnológico, con muy poco impacto en la ciencia, y resultó difícil aprovechar suficientemente esa oportunidad, en una sociedad no consciente de su importancia.

3. Los escasos conocimientos que pueden clasificarse como científicos en Asturias, a partir de la segunda mitad del s. XIX estuvieron relacionados con la escasez de recursos y con el interés de algunos productos industriales (gas de coque, sidra…), espoleados por intereses muy próximos. No había el ansia de buscar teorías o concepciones generales de ciencia, ni crítica respecto a anteriores planteamientos. Ello requiere más conexión con los centros avanzados y apoyo económico

4. La concentración de las energías de la sociedad en un tema como el carbón, quizás hace que la especialización dificulte la adaptación a las nuevas tendencias. En el futbol seguir al balón todos puede no ser lo mejor, sino colocarse bien en el campo.

5. En la segunda mitad del s. XIX tuvieron preeminencia los conocimientos tecnológicos, presionados por la necesidad de implantar nuevos equipos traídos de Inglaterra y Bélgica, entre otros países. Hubo preponderancia de los intereses económicos, y aunque se hicieron mejoras en la industria, no se consiguió crear estructuras que desarrollasen innovación.

6. El análisis del impacto de los paradigmas científicos existentes en el concepto de Thomas Kuhn, sobre los conocimientos locales, resulta complejo al presentar un atraso de muchas décadas en el campo científico. En el campo ingenieril el conocimiento era empírico, pero inteligente en la aplicación. La aceptación de los paradigmas en la escala local precisa de unos equipamientos mínimos, y quizás la función de las bibliotecas resulta aquí mucho más importante.

7. La presencia de un recurso clave, la llegada de capitales, la disponibilidad de personas y el interés estratégico funcionaron como una impresionante promoción de la región. El análisis tiene distintas perspectivas sociológicas y de interpretación de nuestra actual situación interna y la visión exterior de la región, lo que da para muchas charlas intrascendentes de café.

5.3. Comentarios para novelistas de lo imposible

Las preguntas sobre qué habría pasado si no hubiésemos dispuesto de carbón en nuestra geología, habiendo sido así muy diferente sobre todo el s. XIX, pueden servir para novelistas, pero sobre todo para estudiar los impactos, si estos se han tratado de forma adecuada y si con nuestros conocimientos actuales se podrían haber hecho las cosas de forma diferente, o incluso si lo aprendido nos sirve para afrontar posibles situaciones futuras.

i. Se podría preguntar así sobre cuál sería la evolución de Asturias sin la presencia del carbón o su «descubrimiento» a partir del s. XVIII, pensando en regiones que no han tenido esa oportunidad, como Galicia o Cantabria y su evolución.

ii. Otra pregunta sería acerca del efecto del aislamiento geográfico regional en nuestra evolución, cultura y configuración política, y pensar el impacto de los elementos que han reducido el aislamiento, como el ferrocarril en el s. XIX, y la evolución actual.

iii. Otra pregunta más teórica sería sobre la posibilidad de aplicar en forma local los métodos del s. XX del estudio de la aceptación, trasferencia y evolución de los conocimientos, en términos de la línea del neopositivista Rudolf Carnap y sobre todo Thomas Kuhn (Kuhn T., 1962) e Imre Lacatos (Lakatos I., 1978) , y la posibilidad de sacar consecuencias prácticas.

iv. Se ha señalado como una de las causas del desarrollo económico, entre otras, las actitudes del grupo humano, que aportan confianza y cooperación en un proyecto (Landes D., 1998). La pregunta es si llegó a cristalizar esa actitud en nuestra región, y si no se llegó a alcanzar ese acuerdo, lo que faltó.

v. Además podemos preguntarnos sobre el impacto del sistema regulatorio actual en nuestra industria que procede del s. XIX. También el impacto de esas normativas en otras regiones del mundo actual con situación en cierto modo análoga a la que teníamos nosotros en el s. XIX.

vi. ¿Cómo sería la cultura actual asturiana sin el aporte de la industria a partir del s. XIX?

vii. Y ya actualmente dentro de lo posible, preguntarnos como funcionar con una industria sin alta disponibilidad de energía barata.

5.4. Mirando más allá

En Asturias a mediados del s. XIX se produce el crecimiento energético por el carbón y comienza su época tecnológica, al tiempo que en Europa se produce el gran desarrollo científico, mientras el «boom» energético llevaba ya varias décadas de adelanto. Curiosamente, al mismo tiempo que en Asturias se desarrollaba ese crecimiento energético, John Tyndall (1820-1893) en 1859 demostró que gases como el CO_2 y H_2O absorben calor. Independientemente en 1856, Eunice Foote (1819-1888) científica y defensora de los derechos de la mujer, demostró que el CO_2 podía absorber calor de la luz solar lo que podía ser negativo para el planeta. Y en 1896 Svante Arrhenius (1859-1927) famoso por su ecuación que describe el efecto de la temperatura sobre la velocidad de las reacciones químicas, estableció la relación entre los niveles de CO_2 en la atmósfera que había observado crecía debido a la revolución industrial y la temperatura en el planeta, señalando que la duplicación de la concentración del CO_2 en la atmósfera generaría un aumento de la temperatura global de 5°C.

Estos descubrimientos describían así el efecto invernadero y el impacto de la industria, abriéndose paso a la necesidad de la descarbonización planteada hace unos veinte años. En la última reunión de la Conferencia de las Partes sobre Cambio Climático de las Naciones Unidas COP29 (Azerbaiyán 2024), dependiente de la ONU, se indicó que se sobrepasaría el límite de calentamiento de 1,5°C marcado por el acuerdo de Paris (COP21 en 2015), sin la eliminación de los combustibles fósiles. Esperemos que todo ello no implique cerrar el ciclo del desarrollo industrial iniciado en la segunda parte del s. XIX que implicaba una elevada producción de CO_2, sin que pueda estar abierto ya otro ciclo con igual intensidad. A mi me gusta más el término sustitución energética que el de transición energética.

| Eunice Foote | John Tyndall | Svante Arrhenius |

Podemos finalmente señalar un análisis adicional complementario. Los costes relativos de la energía del carbón no se han reducido de forma suficiente, aunque siempre con muchas oscilaciones. Por el contrario, el desarrollo de la ciencia, junto al muy importante interés social desarrollando economías de escala, ha generado una rápida reducción de costes de las energías renovables, con unas perspectivas de llegar a ser más baratas que la del carbón. Y todo ello incluso de forma ajena a las consideraciones de sostenibilidad y cambio climático, lo que resulta muy importante en las disputas sobre el futuro. Específicamente quiero fijarme en cómo el empuje de la ciencia tiene capacidad para generar esta nueva revolución.

Agradecimientos finales. A Rosario Rodicio, Carlos Lastra, Eloy A. Pelegri y Jesús M. Peláez por su contribución revisando diversas secciones de este documento. A Jesús tengo que agradecerle profundamente además su «Contestación», que ha debido elaborar solapándose con sus numerosas actividades familiares, musicales y profesionales. Al RIDEA y a su director Ramón Rodríguez gracias por el reconocimiento que me han dado como miembro numerario.

Documento en .pdf y errores. Puede conseguirse un documento previo en .pdf en la página https://www.uniovideo.es/TBR/books/ . Agradezco que se me indique en esta página web, o personalmente de forma directa, todos los errores o ausencias que puedan observarse en este documento.

Modus citandi. Se citan en el texto, elaborado sin usar herramentas GPT, las referencias de documentos analógicos (libros, congresos…), acudiendo para su consulta al apartado «6. Bibliografía». Las consultas en la web se mencionan en el texto, como (w^3.xy), y se detallan al final de la Bibliografía como «Páginas web consultadas 2025».

*En la vida hay algo peor que el fracaso:
el no haber intentado nada».*
Franklin D. Roosvelt

Bibliografía

Adaro L. (1968). *150 años de sidero-metalurgia asturiana*. Gijón: Cámara Oficial Ind y Nav.Gijón.

Alas L. (1884 y 1885). *La Regenta*. Barcelona: Daniel Cortezo y Cia.

Alcalá-Zamora J. (1999). *Altos Hornos y poder naval en la España de la Edad Moderna*. Madrid: Real Academia de Historia.

Alvarez E. *et al.* (2018). *Biblioteca Geológica y Minera de Asturias hasta 1900*. Oviedo: Ediciones Universidad de Oviedo.

Alvarez-Pelegry E. (2017). La siderurgia y la minería asturiana en la segunda mitad del siglo XIX. Apuntes y reflexiones sobre la técnica y la ingeniería. En A. P. Eloy, *Homenaje a Luis Adaro y Jerónimo Ibrán* (págs. 195-246). Madrid: Real Academia de Ingeniería.

Alvargonzález R. (1998). *Gijón, 1856-1936: ciudad, industria y ocio*. Gijón: Museu Pueblu d´Asturies.

Anes R. (1977). Los comienzos de la industrialización en Asturias. En S. M. Anes Rafael, *Historia de Asturias. Edad Contemporánea II* (págs. 1-21). Ayalga.

Arribas S. (1984). *La Facultad de Ciencias de la Universidad de Oviedo (Estudio histórico)*. Oviedo: Universidad de Oviedo (S.Publ).

Babor J. *et al.* (1935). *Química General Moderna*. Barcelona: Marín.

Bachiller D. *et al.* (2004). Cyanide recovery by ion exchange from gold orewaste effluent containing copper. *Minerals Engineeirng*, 74-82.

Ballesteros A. (2022). *Unión Española de Explosivos*. Madrid: LID.

Barca F.X. *et al.* (2013). La introducción del gas de alumbrado. En (Silva M., *Técnica e ingeniería en España VII. El ochocientos. De las profundidades a las alturas. Tomo I* (págs. 6-). Madrid: Real Academia de Ingeniería.

Blanco C. *et al.* (1995). Procesos de conversión de acero y efecto de variables en convertidores tipo LBE. *Revista de Metalurgia*, 286-297.

Blanco C. *et al.* (1995). Model of mixed control for carbon and silicon in a steel converter. *ISIJ International*, 286-297.

Boatella J. (2013). Las harinas lacteadas en España (1865-1965). *Revista Espaañola de Nutrición Humana y Dietética*, 17,4, 172-8.

Bryson B. (2003). *A Short History of Nearly Everything*. Doubleday: London.

Cabo A. (1975). Algunas precisiones sobre estadísticas y rendimientos en el campo español. *Esudios geográficos*, 221-245.

Canella F. (1903). *Historia de la Universidad de Oviedo y noticias de los establecimientosde enseñanza de su dsitrito (Asturias y Leon)*. Oviedo: Universidad de Oviedo.

Chalton N. *et al.* (2015). *The History of Science*. London: Michael O'Mara.

Coll S. *et al.* (1987). *El carbón en España (1770-1961). Una historia económica*. Madrid: Turner.

Comellas J.L. (2024). *Historia sencilla de la ciencia*. Madrid: Rialp.

Díaz M. (coord). (2006). *Tendencias de la industria química y de Procesos (vol. 1 y 2)*. Barcelona: Ariel.

Díaz M. (2008). *Estudio sobre los criterios de localización de la industria química y de procesos*. Oviedo: IQPA.

Díaz T. *et al.* (2019). *Tendencias en la Industria de Procesos en Asturias*. Oviedo: RIDEA.

Escoda C. (2008). Los ingenieros militares, partícipes de las obras del puerto de Tarragona en el s.XVIII. *Revista de HIstoria Naval*.

Estrada G. (1939). Notas para la historia de las ideas tradicionalistas en Asturias. *Curso Instituto Luarca 1937*. Oviedo: Tipografía La Cruz.

Fernández J. *et al.* (2013). La huella de Gaspar Casal. Real Academia de Medicina del Principado de Asturias.

Fernández V. (2002). *Trabajar para comer. Producción y alimentación en la Asturies tradicional*. Gijón: Museu Pueblu d'Asturies.

Fernández Ruiz, C. (1963). La presencia del Principado de Asturias en la medicina española del siglo XVIII, 1906-1966. *Actas del I Congreso Español de Historia de la Medicina*, (págs. p.105-9). Madrid-Toledo.

Fogler S. (2005). *Elements of Chemical Reaction Engineering, 4th Ed.* New York: Prentice Hall.

Frias J.G. (2016). *Cuadernos de la Ferreria: El trabajo en la Ferrería de San Blas. Acercamiento histórico al proceso siderúrgico en el segundo tercio del s.XIX en España*. Valladolid: Fund.Siglo para el Turismo y Artes Castilla y León.

Fuertes R. (1902). *Asturias Industrial. Estudio descriptivo del estado actual de la industria asturiana en todas sus manifestaciones,*. Gijón: Imprenta P de la Cruz.

García J.R. (2017). *Carbón y zinc. Real Compañia Asturiana de Minas (Asturiana de Zinc (Apuntes sobre historia y perspectivas de la industria química asturiana)*. Avilés: Cursos de la Granda.

Garcia J-L. (2009). *La cal en Asturias*. Gijón: Muséu del Pueblu d'Asturies.

García L.B. (2020). *Cuadernos de la Cátedra de la sidra*. Oviedo: Universidad de Oviedo. Servicio de Publicaciones.

García LA, D. M. (2011). Cleaning in place. En M. Moo-Young, *Comprehensive Biotechnology* (págs. 983-997). NY: Elsevier.

García P. *et al.* (2017). Evolución de la tecnología siderúrgica y su influencia en el retraso de la Revolución Industrial en España. En .. A. Puche O, *Minería y metalurgia históricas en el sudoeste europeo. Nuestras raices mineras* (págs. 277-286). Madrid: Soc.Esp. Defensa Patrimonio Geológico y Minero.

Gómez J. (2022). *Diario de un viticultor de Cangas de Narcea (Asturias) 1902-1907.* Gijón: Museu del Pueblu d´Asturies.

González J.M. (2004). *La industria de explosivos en España: UEE (1896-1936).* Madrid: Fundación Empresa Pública (Programa de HIstoria Económica).

Gutiérrez-Claverol M. *et al.* (2010). Anotaciones geológicas de Joseph Towsend en su viaje por Asturias en 1786. *Trabajos de Geología, Universidad de Oviedo,* 30: 395-411.

Gutierrez-Claverol M. (1993). *Recursos del subsuelo de Asturias.* Oviedo: Servicio Publicaciones Univ. Oviedo.

Harari Y.N. (2011). *Sapiens. From animals into goods.* 2017: Penguin.

Hernández C. (2024). *Las vidas de la carne: la matanza del cerdo en una sociedad rural en transformación (Asturias, s. XX).* Paris: Univerité de la Sorbonne nou- velle- Paris III.

Herrero M. *et al.* (1999). Simultaneous and sequential fermentations with yeast and lactic acid bascteria in apple juice. *Journal of Industrial Microbiology & Biotechnology,* 229-232.

Kuhn T. (1962). *La estructura de las revoluciones científicas.* Chicago: University of Chicago Press.

Laca A. *et al.* (2018). Environmental impact of cheese production: A case study of a small-scale factory in Southern Europe and global overview of carbon foot- print. *Science Total Environment,* 85-95.

Lakatos I. (1978). *The methodology of Scientific Research Programmes:Phylosophycal papers (vol. I, II).* Cambridge: Cambridge University Press.

Landes D. (1998). *La riqueza y la pobreza de las naciones.* Barcelona: Crítica (tra- ducción 2008).

Langreo A. (1995). Formación e historia de la industria láctea de Asturias en el marco del sistema lácteo español. *VI Congreso de la Asociación de Historia Económica. Sección La Ganadería Española* (págs. 96-107). Madrid: Monte Esquinza 37.

Langreo A. (1995). *Historia de la Industria Láctea Española.. Una aplica- ción a Asturias. 1830-1895.* Madrid: Ministerio de Agricultura, Pesca y Alimentación.

Llaneza L.J. (2017). *El comienzo del a actividad siderrúrgica en Asturias, 1845-185: Un lustro para la historia regional.* Oviedo: Ridea.

Llera J. (2018). Historia y perspectivas de la Siderurgia en Asturias. *Apuntes sobre historia y perspectivas de la industria química y de procesos de Asturias.* Avilés: Cursos de la Granda.

López J. (2000). *El quesu Casín. Alimentu y cultura na montaña asturiana.* Gijón: Museu Pueblu d´Asturies.

López J, L. (1998). *Molinos de mar en Asturias.* Gijón: Museu Pueblu d´Asturies.

López J. (1995). *Ferrerías, mazos y fraguas: El fierru na vida tradicional.* Gijón: Museu Pueblu d´Asturies.

López J. *et al.* (1993). *El llinu y la llana: la industria textil en la socidad tradicional asturiana.* Gijón: Museu Pueblu d´Asturies.

López-Castrillón R.M. (2018). *Las nueve vidas de la casa de la fuente de Riodecoba (Libro de memoria de una casa campesina de Asturias (1550-1864).* Gijón: Museu del Pueblu d'Asturies.

Mansilla L. *et al.* (2013). Ingeniería minera: técnicas de laboreo y tratamiento mineralurgico. En S. M. (ed), *Técnica e ingeniería en España VII. Ochocientos. De las profundidades a las alturas (tomo I)* (pág. 1). Madrid: Real Academia de Ingeniería.

Mañana R. (2006). *Jerónimo Ibrán Mula (1842-191): un modelo de ingeniero de minas promotor de la primera revolución.* Oviedo: KRK.

Mañana R. (2002). *Luis Adaro (1849-1915). Ingeniero de minas, agente innovador de la primera revolución.* Oviedo: KRK.

Marcos E. (1991). *Arte e Industria en Gijón (1844-1912).* Oviedo: Mercantil Asturias.

Martin M. *et al.* (2005). Global and local mixing determinations for steel converter analysis. *Chemical Engineering -Science,* 5781-5791.

Martínez J.L. (1978). *Historia de la Enseñanza de las Ciencias Biológicas en la Universidad de Oviedo (Hasta 1968).* Oviedo: Universidad de Oviedo.

Mijangos F. *et al.* (1992). Lixiviación en tanque agitado de una mezcla (pisos-fluidizado) de cenizas piríticas retostadas. *Revista de Metalurgia,* 32-8.

MUMI (2025). *Descripción del Museo.* Museo de la Mineria y la Industria de Asturias.

Muñiz J. (2011). Administrar minas, cuerpos y mentes. Los ingenieros del siglo XIX., una fuente fundamental para la historia social de Asturias. *HIstoria, trabajo y sociedad,* 11-32.

Nadal, J. (1975). *El fracaso de la Revolución industrial en España, 1814-1913.* Barcelona: Ariel.

Nadal J. (1977). Notas sobre la industria asturiana, de 1850 a 1935. En S. M. Anes Rafael, *Historia de Asturias 9. Edad contemporánea II* (págs. 111-177). Ayalga.

Ocampo J. *et al.* (2021). Trubia o el primer fracaso de la revolución industrial en España (1792-1808). *Fábrica de armas de Trubia.(1794-2019: Actas del ciclo de conferencias con motivo de los 225 años de la Fábrica de Armas de Trubia, y 175 de la llegada del general Elorza (Ed: Huerta MA)* (págs. 21-52). Oviedo: RIDEA.

Ocampo J. (2002). Cambio técnico industrial e industrialización pesquera en Asturias (1880-1930). *HIstoria Agraria,* 67-90.

Ocampo J. (2023). Industria, ¿madre fecundísima o madrastra: Industrialismos y anti-industrialismos en la España de las luces. *CES XVIII,* num 33, pags 279-311.

Ojeda G. (1985). *Asturias en la industrialización española 1833-1907.* Madrid: Siglo XXI Editores.

Ordóñez J. *et al.* (2013). *Historia de la Ciencia.* Barcelona: Planeta.

Palacio Valdés A. (1903). *La aldea perdida.* Madrid: HIjos de MG Hernández.

Pandiella S. *et al.* (1999). Simulation of a two phase flow by CFD: Analysis of the computational method. *Chemical Engineering Communications,* 429-454.

Pandiella S. *et al.* (1995). Monitoring the production of carbon dioxide during beer fermentations. *Technical Quaterly,* 126-131.

Pero-Sanz J.A. *et al.* (2020). *Physical Metallurgy of Cast Irons.* Madrid: Springer.

Pickover C. (2020). *El Libro de la Ciencia.* Madrid: Librero.

Pintado Fe F. *et al.* (1952.). Coque siderúrgico. Definición y propiedades. *Boletín informativo del Instituto Nacional del Carbón*, N. 5.

Piñera L.M. (2023). *Gijón/XIxón: Industria y compromiso social.* Gijón: FMCEUP Ayto Gijón. Graficas Apel.

Pola L. C. (2022). Kraft black liquor as a renewable source of value-added chemicals. *Chemical Engineering Journal*, 448.

Prieto C. (2015). *Chocolate y publicidad en Asturias. Las fábricas de chocolate.* Gijón: Muséu del Pueblu d´Asturies.

Puche O. *et al.* (2004). *Minería y metalurgia históricas en el sudoeste europeo.* Madrid: SEsp.Defensa Patr.Geolog.Minero, y Soc Esp Histor Arqueolog.

Queipo de Llano J.J. ((1781,1785)). *Discursos pronunciados en la Real Sociedad. Oviedo.* Oviedo: Real Sociedad de Amigos del País.

Alvargonzález R. (1998). *Gijón 1856-1936: ciudad, industria y ocio.* Gijón: Museu Pueblu d´Asturies.

Ramirez V. (1994). *Procesos de obtención derivados de la nitroglicerina.* Mexico DF: UNAM. Fac Química.

Rivero J. (1997). Las bases histófícas de la actividad pesquera en España. *Papeles de Economía Española*, 33-48.

Rodriguez L.M. (2024). Minería metálica asturiana: Un viaxe a los sos oríxenes y desafíos. *Ciencies. Cartafueyos Asturianos de Ciencia y Teunoloxia*, 38-61.

Rodríguez M. (coord). (1990). *Las conservas de pescado en Asturias.* Candás: Mercantil Asturias. Ayuntamiento de Carreño.

Rosal R. *et al.* (1995). Modelización aplicada al diseño de sistemas de control en el horno alto. *Revista Metalurgia*, 172-181.

Ruiz de la Peña J.L. (1981). *Las polas asturianas en la Edad Media.* Oviedo: p. 45, Universidad de Oviedo. Dpto de Historia Medieval.

Sánchez L. C. (2016). Ambiente y enfermedad en Asturias durante la Restauración. Estudio de las topografías médicas. *Revista de Demografía Histórica*, 161-192.

Santo-Tomás T. (2006). *Arte General de Grangerías (1711-1714).* Salamanca/Gijón: Ed. San Esteban / Museu Pueblu d´Asturies.

Santullano G. (1978). *Historia de la minería asturiana.* Xixon: Ayalga.

Sevilla J. (2008). *La industria láctea en Asturias.* Gijón: Museu Pueblu d´Asturies.

Solís C. *et al.* (2021 (9ed)). *Historia de la Ciencia.* Barcelona: Espasa.

Solís N. (2023). Entre humo de chimeneas: el arranque del proceso industrializador de la ciudad de Gijón. *Revista Anual de HIstoria del Arte*, 103-114.

Tascón J. *et al.* (2000,). *Técnicos y empresarios extranjeros en la industrialización de Asturias.* Oviedo: Universidad de Oviedo. Fac. Económicas, p.221.

Tolivar Faes, J. (1976). *Historia de la medicina en Asturias.* Oviedo: Ayalga.

Tortella G. (1994). *El desarrollo de la España contemporánea. Historia económica de los siglos XIX y XX.* Madrid: Alianza Ed.

Tuero F. (1977). La ciencia y la cultura (2a Parte, Cap.6). En T. F. Fernández Manuel, *Historia de Asturias 6. Edad Moderna 1*. (págs. 140-173). Ayalga.

Uría J. *et al*. (2008). *Historia de la universidad de Oviedo. Vol I*. Oviedo: Universidad de Oviedo.

Vaclav S. (2018). *Energía y civilización. Una historia*. Barcelona: Arpa.

Vicente J. *et al*. (2004). Tratamiento de efluentes de coquería mediante oxidación húmeda (I) Características generales del proceso. *Ingeniería Química*, 142-161.

Viejo X. (2012). *Paremias populares asturianas. Estudio, clasificación y glosa. . Monografías 4*. Madrid: Biblioteca Fraseología Instituto Cervantes.

Páginas web (consultadas 2025)

(w^3.aa) Sector ganadero https://www.mapa.gob.es/ministerio/pags/Biblioteca/fondo/pdf/20044_4.pdf

(w^3.ab) Ciclos termodinámicos chrome-extension://efaidnbmnnnibpcajpcglclefindmkaj/https://amyd.quimica.unam.mx/pluginfile.php/6241/mod_resource/content/1/Tarea_Ciclos_Tabla.pdf

(w^3.ac) Tineo chrome-extension://efaidnbmnnnibpcajpcglclefindmkaj/https://www.camara-ovi.es/documentos/informacion/Informe%20Tineo%20con%20logosFSE.pdf

(w^3.ba) Población https://es.wikipedia.org/wiki/Poblaci%C3%B3n_estimada_de_ciudades_hist%C3%B3ricas#Referencias

(w^3.bb) Gaspar Casal https://analesranm.es/revista/2019/136_02/13602rev11

(w^3.bc) Medicina Asturias http://bibliotecavirtual.ranm.es/ranm/es/consulta/registro.do?id=1252

(w^3.ca) Horno alto ChemEurope https://www.chemeurope.com/en/encyclopedia/Blast_furnace.html#:~:text=6%20References-,History,in%20these%20was%20invariably%20charcoal.

(w^3.cb) Minas de Asturias http://www.minasdeasturias.es/historia/la-primera-epoca/

(w^3.cc) Historia de la siderugia https://insoto.es/historia-de-la-siderurgia-en-espana

(w^3.da) Patrimonio industrial https://patrimoniuindustrial.com/siderometalurgia/del

(w^3.db) Empresas mineras https://abelsuarezblog.wordpress.com/empresas-mineras/

(w^3.dc) Empresas mineras. https://www.quiros.es/patrimonio-industrial

(w^3.ea) Historia Ingeniéros Minas. https://www.consejominas.org/?q=ingenieria-historia

(w^3.eb) Historia Riosa https://riosahistoria.blogspot.com/2017/05/dionisio-thiry-del-malle-ingeniero-de.html

(w^3.ec) Desoignie ttps://vinculosdehistoria.com/index.php/vinculos/article/view/vdh_2020.09.19

(w^3.fa) Thiry https://riosahistoria.blogspot.com/2017/05/dionisio-thiry-delmalle-ingeniero-de.html

(w^3.fb) Patrimonio industrial. Conservas. https://patrimoniuindustrial.com/fichas/fabrica-de-conservas-lis/

(w^3.fc) Pasta papel. chrome-extension://efaidnbmnnnibpcajpcglclefindmkaj/https://precoinprevencion.com/wp-content/uploads/2017/06/Gu%C3%ADa-Fabricaci%C3%B3n-Papel-SCA.pdf

(w³.ga) MUMI. chrome-extension://efaidnbmnnnibpcajpcglclefindmkaj/http://www.mumi.es/media/Default%20Files/MUMI/folleto_MUMI.pdf

(w³.gb) Tito Lucrecio Caro https://editorialverbum.es/blog/autores/tito-lucrecio-caro/

(w³.gc) Sidra Asturias https://es.wikipedia.org/wiki/Sidra_de_Asturias

(w³.ha) Puerto Gijón https://www.puertogijon.es/puerto/el-musel/,

https://es.wikipedia.org/wiki/Puerto_deportivo_de_Gij%C3%B3n

(w³.hb) Vidrios «la Industria» https://vinck.es/fabrica-de-vidrios-de-gijon/

(w³.hc) Inventario Patrimonio Industrial Asturias https://inventario-patrimonio-cultural.asturias.me/ipca

(w³.ia) Ferrocarriles https://es.wikipedia.org/wiki/Historia_del_ferrocarril_en_Asturias

(w³.ib) Consul Jove https://consellodacultura.gal/album-de-galicia/detalle.php?persoa=22152 ; https://www.facebook.com/hernanpiniellaiglesias/posts/los-c%C3%B3nsul-una-familia-de-pola-de-sierocuando-felipe-v-accedi%C3%B3-a-rega%-C3%B1adientes-a/1362082007212439/

(w³.ic) Magin Bonet https://www.farmaceuticos.com/el-consejo-general/consejo-general/patrimonio-historico/farmaceuticos-ilustres/magin-bonet-y-bonfill/

(w³.ja) Coque https://www.carbones.cl/coque.htm

(w³.jb) Empresas mineras https://abelsuarezblog.wordpress.com/empresas-mineras/

(w³.jc) Industrias Gijón https://migijon.com/el-gijon-industrial-del-pasado-3-fabricas-que-marcaron-el-desarrollo-de-la-ciudad/

(w³.ka) Medicina s.XIX, https://www.lne.es/asturias/2013/12/04/momentos-criticos-salud-asturianos-20513818.html.

(w³.kb) IGME https://www.igme.es

(w³.kc) MUMI general http://mumi.es

(w³.la) Minería mercurio https://www.montepio.es/la-terrible-mineria-del-mercurio-en-asturias/

(w³.lb) Minería Buferrera https://patrimoniuindustrial.com/fichas/minas-de-buferrera/

(w³.lc) INCUNA https://incuna.es/

(w³.ma) Carretera carbonera https://ysidescubrimosasturias.blogspot.com/2016/01/la-carretera-carbonera-50-anos-en-unir.html

(w³.mb) Alcoholera de Lieres file:///C:/Users/Mario/Downloads/felipe,+57-201-1-CE%20(1).pdf

(w³.mc) Fuertes Acevedo https://historia-hispanica.rah.es/biografias/17160-maximo-fuertes-acevedo

(w³.na) Benito Feijoo https://personal.us.es/alporu/historia/feijoo.htm

(w³.nb) Alcuino de York chrome-extension://efaidnbmnnnibpcajpcglclefindmkaj/
https://surco.org/sites/default/files/cuadmon/disponible_no/cuadernos-monasti-
cos-184-969.pdf

(w³.nc) Agustín Pedrayes file:///C:/Users/Mario/Downloads/agustin-de-pedra-
yes-el-matematico-espanol-mas-ilustre-del-siglo-xviii-782775.pdf

(w³.oa) Agustín Pedrayes-2 https://xn--espaolito-o6a.es/index.php/encyclopedia/
pedrayes-y-foyo-agustin-bernardo-de/

(w³.ob) Gaspar Casal https://analesranm.es/revista/2019/136_02/13602rev11

(w³.oc) V Conde Toreno https://xn--espaolito-o6a.es/index.php/encyclopedia/
queipo-de-llano-jose-joaquin/

(w³.pa) Modelo Humboldt de Universidad chrome-extension://efaidnbmnnnibpcajpcgl-
clefindmkaj/https://ddd.uab.cat/pub/llibres/2023/273771/wilvonhumserrar_a2023.pdf

(w³.pb) Descripción cementos chrome-extension://efaidnbmnnnibpcajpcgl-
clefindmkaj/https://upcommons.upc.edu/bitstream/handle/2099.1/7088/03_
Mem%C3%B2ria.pdf?sequence=4&isAllowed=y

(w³.pc) Cementos normalización chrome-extension://efaidnbmnnnibpcajpcglclefind-
mkaj/https://core.ac.uk/download/pdf/32322379.pdf

(w³.qa) Química del Cemento. file:///C:/Users/Mario/Downloads/5537-Texto%20
del%20art%C3%ADculo-21322-1-10-20130416%20(2).pdf

(w³.qb) Mejores tecnologías disponibles MTD https://eippcb.jrc.ec.europa.eu/es/
reference/

(w³.qc) Cal y cemento chrome-extension://efaidnbmnnnibpcajpcglclefindmkaj/ht-
tps://prtr-es.es/data/images/Resumen%20Ejecutivo%20BREF%20Cemento%20
y%20Cal-25C34A32FAC359F8.pdf

(w³.ra) Jorge Juan y Santacilia https://www.ingenierojorgejuan.com/es/n/1722/jorge-
juan-y-los-arsenales-(4).-intervencion-de-jorge-juan-en-la-carraca---ii.-autran-jorge-
juan.-el-tecnico-y-el-cientifico

(w³.rb) Mina Santa Rita (Saliencia) https://www.mtiblog.com/2013/02/mina-santa-ri-
ta-saliencia-somiedo.html

(w³.rc) Navelgas ruta oro https://www.mtiblog.com/2016/11/mina-entrepenas-navel-
gas-tineo-asturias.html

(w³.sa) Espato fluor https://patrimoniuindustrial.com/fichas/mina-de-fluorita/

(w³.sb) Ferrocarril en Asturias https://es.wikipedia.org/wiki/Historia_del_ferrocarril_
en_Asturias

(w³.sc) Memorias culturales de la Industria, ferrocarril https://memoriasculturalesde-
laindustria.com/2021/09/29/pasado-presente-y-futuro-del-ferrocarril-en-asturias/

(w³.ta) Técnica y producción Siderúrgica (breve) chrome-extension://efaidnbmnnnibp-
cajpcglclefindmkaj/https://riuma.uma.es/xmlui/bitstream/handle/10630/8917/18%20
MU%C3%91OZ%20DUE%C3%91AS.pdf?sequence=1&isAllowed=y

(w³.tb) Academia Historia: Biografía Elorza https://historia-hispanica.rah.es/biografias/15157-francisco-antonio-elorza-y-aguirre

(w³.tc) Historia de ingenieria. https://www.consejominas.org/?q=ingenieria-historia

(w³.ua) Colección técnica ingeniería España (RAING) https://www.raing.es/coleccion-tecnica-e-ingenieria-en-espana/

(w³.ub) Instituto de Ingeniería de España. Energía y recursos naturales https://www.iies.es/blog/categories/comit-c3-a9s/energ-c3-ada-y-recursos-naturales

(w³.uc) Fotos Oviedo. LNE. https://www.lne.es/oviedo/2021/01/29/carbayon-oviedo--pudo-haber-sido-32132174.html

(w³.va) Los Consul s.XVIII https://www.facebook.com/hernanpiniellaiglesias/posts/los-c%C3%B3nsul-una-familia-de-pola-de-sierocuando-felipe-v-accedi%-C3%B3-a-rega%C3%B1adientes-a/1362082007212439/

(w³.vb) Casiano del Prado chrome-extension://efaidnbmnnnibpcajpcglclefindmkaj/https://sge.usal.es/archivos/geogacetas/Geo23/Art42.pdf

(w³.vc) Joaquín Ibarra, impresor https://historia-hispanica.rah.es/biografias/22730-joaquin-ibarra-marin

(w³.xa) Historia Instituto Jovellanos https://www.iesjovellanos.com/historia/historia.php

(w³.xb). Como obtener carbón vegetal (breve) https://www.blukarb.com/espanol/proceso/

(w³.xc) Fabricación de carbón vegetal. FAO https://www.fao.org/4/x5328s/X5328S00.htm

(w3.ya) Imprenta en Oviedo. https://www.lne.es/oviedo/2025/06/19/oviedo-tuvo-imprenta-siglo-xv-118780017.html

(w3.yb) Historia del puerto de Gijón. https://www.puertogijon.es/puerto/puerto-local/

Mal te perdonarán a ti las horas:
las horas que limando están los días,
los días que royendo están los años

de La brevedad engañosa de la vida.
Luis de Góngora

DISCURSO DE CONTESTACIÓN
POR EL
ILMO SR. DR. D. JESÚS MENÉNDEZ PELÁEZ
MIEMBRO DE NÚMERO
DEL REAL INSTITUTO DE ESTUDIOS ASTURIANOS

EN LA ESTELA DE JOVELLANOS: QUID VERUM, QUID UTILE

Excmos e Ilmos. Miembros del Real Instituto de Estudios Asturianos
Señoras y Señores

Quizás alguno de los presentes se extrañe de que el perfil académico de quien les habla sea la persona adecuada para recibir en esta noble institución a un científico de la talla del catedrático Mario Díaz. Así también lo pienso yo y así se lo manifesté a él en su momento y a nuestro director. Ambos, sin embargo, consideraban que servidor era la persona adecuada, porque se pretendía que fuese un currículo de letras y no un currículo de ciencias. Mis modestísimos conocimientos sobre la ciencia moderna se remontan a mi época de estudiante de teología. La teológica, que es una ciencia, tiene dogmas sensibles a determinados avances de la ciencia moderna. Piénsese en el primer capítulo del Génesis, donde se describe, utilizando un determinado género literario, la creación del mundo y del hombre. ¿Cómo conciliar esta doctrina con la paleontología moderna? El jesuita Theilhard de Chardin, renombrado paleontólogo y no menos renombrado teólogo escribió numerosas obras tratando de conciliar teología y paleontología. Fui un apasionado lector de este gran investigador. Esto me obligó a tratar con especialistas de nuestra Universidad de Oviedo sobre este problema entre ciencia y teología. Dos renombrados paleontólogos, catedráticos de esta disciplina, en nuestra universidad, Truyols Santoja y Crusafont Pairó dieron varias conferencias en el Aula Magna del Seminario de Oviedo, mi segunda casa, sobre las interferencias (Die Grenzefrage) entre teología y la nueva ciencia paleontológica que propugna el evolucionismo; estas reuniones fueron muy fructíferas. Sin embargo, una vez abandonado el estamento eclesiástico, hube de buscar nuevos retos intelectuales que fue las Filologías. Sin embargo, las novedades científicas, sobre todo en relación con la asignatura cosmología y la teología dogmática, fueron siempre de mi interés.

Dicho este *íncipit* quedan claras mis grandes limitaciones para comprender y, ya no digo juzgar, el discurso de este gran científico que es el Catedrático Mario Díaz. De ahí las reticencias para asumir esta responsabilidad. Pero la amistad con el autor y mi disposición siempre dispuesta a colaborar en todo aquello que me indique nuestro querido director, acepté el compromiso propuesto. Desde las primeras páginas me di cuenta de que aquella encomienda había de ser un verdadero privilegio y que me había de ser muy provechosa: «Ciencia y Tecnología en el auge energético hasta el siglo XX: evolución en Asturias». Así reza el título de su discurso.

Siguiendo el método escolástico, quizás el más claro que ha inventado la pedagogía, empezaré delimitando el campo semántico de algunas palabras que aparecen en ese título. La palabra «ciencia» es un término semánticamente polivalente, es decir, tiene varias acepciones, que se aplican a distintas áreas de conocimiento. Así lo dice Sebastián de Cobarrubias en su *Tesoro de la Lengua Castellana o Española* (1606-1610); una acepción que recoge asimismo la recién creada Real Academia de la Lengua Española en su *Diccionario de Autoridades* (1726-1739). Esta polivalencia semántica permite que se pueda hablar de un pluralismo de ciencias. La metodología sistemática es el denominador común de todas ellas.

En el caso que nos ocupa es la «ciencia experimental» unida a la «tecnología», unos significantes que delimitan, según el método creado por el lingüista Ferdinand de Saussure, la acepción del término «ciencia» a la así llamada «ciencia experimental», unida a la «tecnología», resuelven problemas y mejoran la vida humana. Esta es la gran labor que viene desarrollando el catedrático Mario Díaz.

Permítaseme presentar, en primer lugar, su peregrinación existencial, familiar y doméstica; «yo soy yo y mi circunstancia», decía el gran Ortega y Gasset; la circunstancia histórica, querámoslo o no, modula nuestra personalidad. «Somos lo que fuimos», dice un principio básico en antropología. El catedrático Mario Díaz nació en el caserío Los Nozalinos, para pasar a los dos años a Pañeda, aldea perteneciente al concejo de Siero. En esta aldea inicia sus estudios en una escuela rural, un centro de primeros estudios impartidos, no solo en Asturias sino en toda España, por unos docentes (maestro/a) que marcaron para siempre a muchos españoles y de manera especial en Asturias; una población rural, agrupada en pequeñas comunidades, alejadas de los centros urbanos, habían de ser autosuficientes en la economía y en la educación. El catedrático Mario Díaz pasó también por esta experiencia de haber sido alumno de una escuela rural. Pasará después al Instituto de Noreña. En esta etapa del entorno doméstico y familiar como la infancia, la adolescencia y primera juventud, se forjan unas amistades que perduran para siempre. El catedrático Mario Díaz disfruta ahora, en la madurez existencial, cuando visita estos lugares o se reúne con los amigos de aquellos años, aunque cada uno haya seguido caminos diferentes. Vuelven a ser lo que fueron y hablan como lo hacían en aquel ya lejano ayer. También quisiera subrayar otro aspecto del que el catedrático Mario Díaz está muy orgulloso; con su mujer, Araceli, han creado una familia con cinco hijos que, a su vez les dieron quince nietos (fecundidad bibliográfica unida a la fertilidad antropológica) sin duda son para él su mayor legado en su paso por este mundo.

Terminado el bachillerato y superado el examen de ingreso, inicia sus estudios universitarios en la Facultad de Química de Oviedo, donde llegó a ser Profesor Adjunto Numerario en 1979 y después fue catedrático en la Universidad del País Vasco, durante más de seis años, para regresar como Catedrático a la Universidad de Oviedo en 1987 donde lleva otros 37 años. Ojalá se prolongue muchos años más la fecha de caducidad de su yogur universitario y existencial.

Conocí al catedrático Mario Díaz en su época de dedicación a la gestión en la Universidad como Vice-rector de investigación. Todos los años, durante su mandato, nos sorprendía con una visita al Campus de El Milán; escuchaba nuestras necesidades y nuestros intereses con la promesa de hacer todo lo posible para llevarlos a buen fin. Siempre me pareció un colega humilde y trabajador. Sus horizontes de perspectivas eran muy claros: servir a la Universidad de Oviedo y desde el «alma mater» mejorar a la sociedad asturiana.

El discurso del catedrático Mario, ya publicado y que tienen en sus manos, rellena un vacío bibliográfico del que carecía la cultura y la investigación en Asturias. Es imposible resumir su peregrinación universitaria («Sitz im Leben»). Su amplísimo currículo da fe de toda una vida dedicada a esclarecer la evolución de la ciencia experimental y su aplicación a la tecnología, un binomio que cambió la vida en Asturias. Me impresiona su currículo investigador y docente, fruto de una actividad que le gustaba, esto es la universidad. Como responsable de evocar su talante intelectual en favor de Asturias, examiné con gran curiosidad los apartados de docencia a los que dedica casi medio siglo entre las Universidades de Oviedo y el País Vasco (siete cursos). Publicó en revistas científicas más de 500 trabajos; dirigió 51 tesis doctorales, un número que desborda mi capacidad intelectual; si cada tesis tiene que aportar un «quid novum», su legado con sus discípulos es poco común. Me interesa destacar esta su empatía con el alumnado; publicó manuales de apoyo a los estudiantes, alguno de ellos de referencia en España. Cuando le felicito por toda esta gran labor de dedicación docente, me dice que en realidad es parte de la responsabilidad en ese medio siglo en pro de la enseñanza universitaria. Está orgulloso de haber podido contribuir a formar alumnos en todos y cada uno de esos años, particularmente de los doctores, a quienes ayuda a buscar la realización de su vocación cuando abandonan la Universidad.

Otro dato muy relevante de su currículo es haber unificado dos términos que se complementan: ciencia y tecnología. Al terminar la lectura de este trabajo, tengo la impresión de que la ingeniería es diferente de la ciencia en particular, porque la tecnología busca directamente la producción de bienes que requiere la sociedad. Esto explica la conexión que sus trabajos ha mantenido con la industria. Esta es la razón por la que el catedrático Mario Díaz creó el «Cluster» de Industrias Químicas y de Procesos de Asturias hace 25 años; una entidad única que canaliza lo que siempre se pidió a la Universidad: relacionar la enseñanza universitaria con la sociedad, en este caso con la industria. Otra dimensión de su talante investigador es la colaboración durante cuatro años con el RIDEA en la difusión de la industria asturiana con gran impacto en la cultura; también creó la Red de Centros de Investigación en el tratamiento de aguas en España; fue Presidente de la Sociedad Española de Biotecnología. Todo ello responde a su doble interés: promover la cooperación científica en Asturias, y que la traspase El Pajares.

Si tuviéramos que buscar un precedente de este enfoque de la ciencia en favor de su utilidad, esta búsqueda resulta muy clara: la figura de Jovellanos. A nuestro prócer dedica el catedrático Mario Díaz una síntesis muy acertada, como no podía ser menos. Como investigador que fui durante 24 años, primero con mi añorado maestro el catedrático Caso González y posteriormente como presidente de la Fundación Foro Jovellanos, diría que el catedrático Mario Díaz sigue la senda que había iniciado el prócer gijonés, a finales del siglo XVIII, con la creación del Instituto de Náutica y Mineralogía. Una divisa en latín resumía la finalidad de la investigación científica que impartía en este novedoso centro en España: «Quid verum, quid utile», esto es, una investigación a favor de la verdad y la utilidad pública, llamadas por el gran Jovino: «ciencias útiles». El catedrático Mario Díaz es el último eslabón de una larga cadena que enlaza, a juicio de quien les habla, con Jovellanos. Por todo ello, su ingreso en el Real Instituto de Estudios Asturianos hace que termine mi breve intervención con este marbete lingüístico latino tomado de la Biblia y embellecido en el siglo XIII con los melismas del canto gregoriano: «Haec dies quam fecit Dominus, exultemus et laetemur in ea». Dixi.

JESÚS MENÉNDEZ PELÁEZ.
Catedrático honorífico de la universidad de Oviedo.
Presidente de la Fundación Foro Jovellanos (2002-2012)

GT-3-5